Mathematische Mussestunden.

Eine Sammlung

von

Geduldspielen, Kunststücken und Unterhaltungs-
aufgaben mathematischer Natur.

Von

Dr. Hermann Schubert,
Professor an der Gelehrtenschule des Johanneums in Hamburg.

Leipzig.
G. J. Göschen'sche Verlagshandlung.
1898.

Ludendo discimus.

Leibniz.

Vorwort.

Die vorliegende Sammlung ist für gebildete Laien bestimmt, denen von der Arithmetik nur die allerersten Elemente bekannt zu sein brauchen. Sie behandelt, ähnlich wie die Sammlungen von Edouard Lucas[1]) und Rouse Ball,[2]) historisch und kritisch die wichtigsten von den zur Unterhaltung geeigneten Geduldspielen und Problemen mathematischer Natur. Wenn auch der Verfasser die Sammlungen von Lucas und Ball vielfach benutzt hat, so ist doch der grösste Teil der in der vorliegenden Sammlung angestellten Erörterungen aus eigenen Studien des Verfassers hervorgegangen. Von Büchern mit ähnlichem Inhalt aus älterer Zeit ist in erster Linie das von Bachet de Méziriac[3]) zu nennen. Vor Bachet behandelten Unter-

---

[1]) Edouard Lucas, Récréations mathematiques, Paris 1882. Ferner: Lucas, L'Arithmétique amusante, Paris 1895, nach dem Tode des Verfassers herausgegeben von H. Delannoy, C. A. Laisant und E. Lemoine.

[2]) W. W. Rouse Ball, Mathematical recreations and problems of past and present times, London 1892.

[3]) Bachet de Méziriac. Problesmes plaisans et délectables qui se font par les nombres. Erste Auflage: Paris 1612; Zweite Auflage: Lyon 1624; Dritte und vierte von Labosne vermehrte und verbesserte Auflage: Paris 1874 und 1879.

haltungsaufgaben Cardano[4]) und Tartaglia,[5]) nach Bachet Oughtred[6]) und Ozanam.[7]) Die in unserm Jahrhundert in Deutschland erschienenen Bücher von Montag,[8]) Mittenzwey[9]) und andern enthalten zwar viele Unterhaltungsaufgaben, geben aber keine mathematische Kritik der Probleme. Nur die vom Verfasser in den Jahren 1893 bis 1895 in der „Naturwissenschaftlichen Wochenschrift" unter dem Namen „Mathematische Spielereien" veröffentlichten Artikel[10]) enthalten schon eine, wenn auch nicht sehr eingehende, mathematische Kritik der dort behandelten Geduldspiele.

Hamburg, November 1897.

Hermann Schubert.

---

[4]) Cardano. De subtilitate libri XXI, Nürnberg 1550.

[5]) Tartaglia, Quesiti et inventioni diverse, Venetia 1554; Trattato de numeri e misure, Venetia 1556; Opere, Venetia 1606.

[6]) Oughtred, Mathematical receations, London 1653.

[7]) Ozanam, Récréations mathématiques et physiques, Paris 1694, mit vielen vermehrten und verbesserten Auflagen, z. B. 1723, 1803, 1840.

[8]) Montag, Die Wunder der Arithmetik, Leipzig.

[9]) Mittenzwey, Mathematische Kurzweil, 3. Auflage, Leipzig 1895.

[10]) Diese Artikel sind auch, in einem Büchelchen zusammengefasst, für sich erschienen unter dem Titel „Zwölf Geduldspiele", Berlin 1895.

Inhaltsverzeichnis.

I. Abschnitt.

Zahl-Probleme.

§ 1.

Erraten gedachter Zahlen.

Um eine gedachte Zahl zu erraten, lasse man mit derselben beliebige Rechnungen ausführen. Dann lasse man sich das erhaltene Resultat sagen, aus dem man die gedachte Zahl durch Lösung einer Gleichung berechnen kann, nachdem man die ausgeführten Rechnungen in arithmetischer Zeichensprache ausgedrückt hat. In den einfacheren Fällen, wo die gedachte Zahl nur anfänglich **einmal** den vorgeschriebenen Rechnungen unterworfen wird, kann das Lösen der Gleichung dadurch geschehen, dass man mit dem erhaltenen Resultat umgekehrt verfährt, wie mit der gedachten Zahl, d. h. sowohl die Reihenfolge der Rechnungsarten umkehrt, wie auch die Rechnungsarten selbst, also z. B. subtrahiert statt addiert, multipliziert statt dividiert. Durch arithmetische Umformungen lässt sich jedoch die Berechnung der gedachten Zahl aus dem Resultat kürzer gestalten. Z. B.:

1. Die gedachte Zahl werde um 5 vermehrt, die Summe mit 3 multiplziert und vom Produkt 7 subtrahiert. Erfährt man dann das erhaltene Resultat, so hat man dasselbe um 8 zu vermindern und den dritten Teil der erhaltenen Differenz zu nehmen, um die gesuchte Zahl zu erhalten. Denn $(x + 5) . 3 - 7 = p$ ergiebt nach einander $3x + 15 - 7 = p$ oder $3x + 8 = p$ oder $3 . x = p - 8$ oder $x = (p - 8) : 3$. War z. B. 4 die gedachte Zahl, so erhält man 20 als Resultat, woraus sich die gedachte Zahl durch die Berechnung $20 - 8 = 12$, $12 : 3 = 4$ ergiebt.

2. Die gedachte Zahl werde mit 6 multipliziert, vom Produkt 5 subtrahiert, die Differenz mit 3 multipliziert, das Produkt um 1 vermehrt, die Summe durch 2 dividiert und der erhaltene Quotient um 7 vermehrt. Dann ist der neunte Teil des schliesslich erhaltenen Resultats die gedachte Zahl. Denn $[(6x - 5) . 3 + 1] : 2 + 7$ lässt sich umformen, wie folgt: $[18x - 15 + 1] : 2 + 7$ oder $[18x - 14] : 2 + 7$ oder $9x - 7 + 7$ oder $9x$. Also ist $9x$ das erhaltene Resultat, daher die gedachte Zahl x gleich dem neunten Teile des Resultats.

— Bei der Berechnung der gedachten Zahl aus dem erhaltenen Resultat kann man auch den Umstand verwerten, dass wir in unserer Zifferschrift eine Summe von Vielfachen der Zahlen 1, 10, 100 u. s. w. schreiben, wie die beiden folgenden Beispiele zeigen:

3. Die gedachte Zahl werde mit 2 multipliziert, zum Produkt 3 addiert, die Summe mit 5 multipliziert und von dem so erhaltenen Produkte 11 subtrahiert. Dann hat man vom erhaltenen Resultat nur die am

Schluss stehende 4 fortzulassen, um die gedachte Zahl zu erhalten. War z. B. 7 die gedachte Zahl, so ergiebt sich durch die vorgeschriebenen Rechnungen nach einander 14, 17, 85, 74. Aus dem Resultat 74 erkennt man die gedachte Zahl 7. Die Begründung des Verfahrens liefert die Umformung: $(2x + 3) . 5 - 11$ oder $10x + 15 - 11$ oder $10x + 4$.

4. Die gedachte Zahl werde mit 3 multipliziert, zum Produkt 25 addiert und die erhaltene Summe mit 4 multipliziert. Dann hat man das erhaltene Resultat nur um 100 zu vermindern und von der erhaltenen Differenz den 12ten Teil zu nehmen, um die gedachte Zahl zu erhalten. Denn $(3x + 25) . 4$ führt auf $12 . x + 100 = p$, woraus man $12x = p - 100$ oder $x = (p - 100) : 12$ erhält.

— Solche Aufgaben über Erraten von Zahlen finden sich schon in dem 1612 zuerst erschienenen klassischen Werke von Bachet „Problèmes plaisants et délectables“. Da diese Bachet'schen Aufgaben, obwohl sie nichts Besonderes bieten, sondern teilweise unnötig kompliziert sind, seit ihrem Erscheinen nicht aufgehört haben, immer wieder ans Tageslicht gezogen zu werden, und dadurch eine gewisse historische Berechtigung erlangt haben, so sollen drei von ihnen auch in diesem Buche Platz finden:

5. Man lasse jemand eine Zahl sich denken, dieselbe verdreifachen, und dann die Hälfte nehmen, falls dies ohne Rest ausführbar ist. Falls dies aber nicht

ohne Rest ausführbar ist, lasse man vorher 1 addieren, ehe die Hälfte genommen wird. Die erhaltene Hälfte lasse man mit 3 multiplizieren, und sich das so gefundene Resultat sagen. Wenn man dieses durch 9 dividiert, und die dabei erhaltenen Ganzen mit 2 multipliziert, erhält man die gedachte Zahl, falls das anfängliche Nehmen der Hälfte ohne Rest geschehen konnte, dagegen 1 weniger als die gedachte Zahl, falls beim Nehmen der Hälfte ein Rest geblieben war. Bei der Begründung dieses Verfahrens hat man zu unterscheiden, ob die gedachte Zahl gerade oder ungerade war. War sie gerade, so kann sie gleich $2 . n$ gesetzt werden, wo n eine beliebige ganze Zahl bedeutet. Dann erhält man durch das angegebene Verfahren nach einander:

$2n . 3 = 6n$, $6n : 2 = 3n$, $3n . 3 = 9 . n$. Die Zahl $9 . n$ ist also gleich der Zahl, die man erfährt. Man rechnet nun für sich weiter $9 . n : 9 = n$, $n . 2 = 2n$, das ist aber die gedachte Zahl. Falls die gedachte Zahl ungerade war, darf man sie gleich $2 . n + 1$ setzen, wo n eine beliebige ganze Zahl ist. Dann ergeben die vorgeschriebenen Rechnungen nach einander: $(2n + 1) . 3 = 6n + 3$, $6n + 3 + 1 = 6n + 4$, $(6n + 4) : 2 = 3n + 2$, $(3n + 2) . 3 = 9n + 6$. Man erfährt also die Zahl $9 . n + 6$. Dividiert man durch 9, so erhält man die Zahl n als die Ganzen der Division. Durch Multiplikation mit 2 und Addition von 1 erhält man die gedachte Zahl $2 . n + 1$.

— Bei der folgenden Aufgabe von Bachet muss man sogar unterscheiden, ob die gedachte Zahl bei der Teilung durch 4 den Rest 0, 1, 2 oder 3 lässt:

6. Man lasse die gedachte Zahl verdreifachen. Dann lasse man von der so erhaltenen Zahl oder von der um 1 grösseren die Hälfte nehmen, je nachdem beim Verdreifachen eine gerade oder eine ungerade Zahl erschienen war. Die erhaltene Hälfte lasse man wieder verdreifachen, und von dem Dreifachen oder der um 1 gröfseren Zahl die Hälfte nehmen, je nachdem eine gerade oder ungerade Zahl erschienen war. Dann lasse man sich die Ganzen sagen, die bei der Division jener Hälfte durch 9 entstehen. Die so erfahrene Zahl hat man durch 4 zu dividieren, und zu dem erhaltenen Quotienten nichts oder 1 oder 2 oder 3 zu addieren, um die gedachte Zahl zu erhalten. Man hat nämlich nichts zu addieren, falls bei beiden Verdreifachungen gerade Zahlen erschienen waren, 1 zu addieren, falls nur bei der ersten Verdreifachung eine ungerade Zahl erhalten war, 2 zu addieren, falls dies nur bei der zweiten Verdreifachung geschehen war, und 3 zu addieren, falls bei beiden Verdreifachungen ungerade Zahlen gekommen waren. Zum Beweise dieses Verfahrens hat man zu unterscheiden, ob die gedachte Zahl bei der Teilung durch 4 den Rest 0, 1, 2 oder 3 ergiebt, d. h., ob sie gleich $4 . n$ oder gleich $4 . n + 1$ oder gleich $4 . n + 2$ oder gleich $4 . n + 3$ zu setzen ist, wo immer n eine beliebige ganze Zahl bedeutet. a) Aus $4 . n$ entsteht durch die angegebenen Rechnungen nach einander: $12n$, $6n$, $18n$, $9n$, n, woraus man dann schliesst, dafs $4 . n + 0 = 4n$ die gesuchte Zahl ist; b) aus $4n + 1$ ensteht: $12n + 3$, $12n + 4$, $6n + 2$, $18n + 6$, $9n + 3$, n, woraus man $4 . n + 1$ für die gedachte Zahl schliesst; c) aus $4n + 2$ entsteht: $12n + 6$,

$6n + 3$, $18n + 9$, $18n + 10$, $9n + 5$, n, woraus man $4n + 2$ schliesst; d) aus $4n + 3$ entsteht: $12n + 9$, $12n + 10$, $6n + 5$, $18n + 15$, $18n + 16$, $9n + 8$, n, woraus man $4n + 3$ schliesst.

— Das dritte Beispiel von Bachet ist einfacher, als die beiden soeben wiedergegebenen, weil bei ihm die Unterscheidung von gerade und ungerade nicht vorkommt.

7. Man lasse die gedachte Zahl verdoppeln, dann 5 addieren, dann mit 5 multiplizieren, dann 10 addieren, dann mit 10 multiplizieren. Das erhaltene Produkt lasse man sich sagen. Zieht man von der so erfahrenen Zahl 350 ab, so bilden die Hunderter des entstandenen Restes die gedachte Zahl. Denn $[(2x + 5) . 5 + 10] . 10$ giebt $[10x + 25 + 10] . 10$ oder $[10x + 35] . 10$ oder $100x + 350$. Diese Zahl erfährt man. Zieht man von ihr 350 ab, so erhält man $100 . x$, d. h. eine Zahl, deren Hunderter die gedachte Zahl darstellen.

— Ein solches Erraten gedachter Zahlen muss demjenigen, der gar nichts von Algebra versteht, noch rätselhafter erscheinen, wenn man die gedachte Zahl selbst nicht bloss anfänglich, sondern auch nachher noch ein oder mehrere Male in die Rechnung hineinzieht, wie folgende Beispiele zeigen:

8. Die gedachte Zahl werde um 3 vermehrt, die Summe mit 6 multipliziert, das Produkt um 3 vermindert, die erhaltene Differenz dann aber noch um die anfänglich gedachte Zahl vermindert; endlich werde noch der erhaltene Unterschied durch 5 dividiert, was immer möglich sein muss. Das so erhaltene Resultat

lasse man sich sagen. Um aus ihm die gedachte Zahl zu finden, hat man es nur um 3 zu vermindern. Denn der Ausdruck $[(x + 3) . 6 - 3 - x] : 5$ ergiebt durch arithmetische Umformung $x + 3$. War z. B. 19 die gedachte Zahl, so erhält man durch die angegebenen Rechnungen nach einander die Zahlen 22, 132, 129, 110, 22. Erfährt man nun die Zahl 22 als letztes Resultat, so hat man 22 um 3 zu vermindern, um die gedachte Zahl zu erhalten.

9. Das Vierfache der gedachten Zahl lasse man um 3 vermindern, die erhaltene Differenz mit 6 multiplizieren, zu dem erhaltenen Produkte erst 3 und dann noch die gedachte Zahl addieren, die erhaltene Summe durch 5 dividieren und zu dem erhaltenen Quotienten das Dreifache der Zahl addieren, die um 1 grösser ist, als die gedachte Zahl. Dann lasse man sich das Resultat nennen. Der achte Teil desselben ist immer die gedachte Zahl. Denn der Ausdruck $[(4x - 3) . 6 + 3 + x] : 5 + 3 (x + 1)$ ergiebt durch Vereinfachung nach einander $(25x - 15) : 5 + 3x + 3$ oder $5x - 3 + 3x + 3$ oder $8x$. War z. B. 11 die gedachte Zahl, so erhält man durch die angegebenen Rechnungen nach einander 44, 41, 246, 249, 260, 52, dann $52 + 3 . (11 + 1) = 52 + 3 . 12 = 52 + 36 = 88$. Dieses Resultat ergiebt aber die gedachte Zahl 11, wenn man es durch 8 dividiert.

10. Die gedachte Zahl werde erstens um 2 vermehrt und die Summe mit 3 multipliziert, zweitens um 4 vermehrt und die Summe mit 5 multipliziert, drittens um 6 vermehrt und die Snmme mit 7 multipliziert. Von der Summe der erhaltenen drei Resultate lasse man

noch 8 abziehen und die Differenz durch 15 dividieren. Dann lasse man sich das durch diese Division erhaltene Resultat sagen. Vermindert man es um 4, so erhält man die gedachte Zahl. Denn $3(x+2)+5(x+4)+7(x+6)$ ergiebt durch Lösen der Klammern und Zusammenfassen $15x+68$. Ferner ergiebt dann $[15x+68-8]:15$ den Ausdruck $x+4$. Daher ist x um 4 kleiner als das erfahrene Resultat.

— Wenn der Ratende Arithmetik und Algebra versteht, so kann er es auch demjenigen, der sich die zu ratende Zahl gedacht hat, ganz **überlassen**, welche Rechnungsarten er nach einander anwenden will und mit welchen Zahlen er es thun will. Nur muss ihm der, der die Zahl gedacht hat, angeben, welche Zahl er addiert, subtrahiert, multipliziert oder zum Divisor benutzt. Dann wird der Ratende die gedachte Zahl x nennen und aus den gehörten Angaben eine Gleichung zusammenstellen. Durch Lösung derselben erhält er dann die gesuchte Zahl x, die er raten wollte. Dabei darf die gedachte Zahl auch eine negative Zahl oder ein Bruch sein. Ebenso dürfen die zum Rechnen verwandten Zahlen auch negativ oder gebrochen sein. Wenn dann aber die gedachte Zahl mehr als einmal in die Rechnung hineingezogen wird, so kann es kommen, dass die zur Auffindung der gedachten Zahl dienende Gleichung von höherem als dem ersten Grade wird und daher die Lösung der Gleichung schwieriger wird. In einfachen Fällen und bei kleinen Zahlen wird es freilich leicht sein, die Zahl x zu raten, die die entstandene Gleichung richtig macht. Hier nur noch zwei Beispiele für den Fall, dass die Gleichung, welche die gedachte Zahl liefert, vom zweiten Grade wird.

11. Man lasse die gedachte Zahl mit der um 1 grösseren multiplizieren, vom Produkte die gedachte Zahl subtrahieren und sich den erhaltenen Rest nennen. Die Quadratwurzel aus demselben ergiebt die gedachte Zahl. Denn $x(x+1)-x$ ergiebt x^2+x-x, d. h. x^2. War z. B. 29 die gedachte Zahl, so erfährt man die Zahl 841 als Resultat. Die Quadratwurzel aus 841 ergiebt 29 als die gedachte Zahl.

12. Derjenige, der sich eine Zahl gedacht hat, und dem es ganz überlassen ist, wie er damit rechnen will, giebt an, dass er das Doppelte der gedachten Zahl zu 17 addiert hat, die erhaltene Summe mit der gedachten Zahl multipliziert hat und auf solche Weise zu der Zahl 135 gelangt ist. Der Ratende hat dann anzusetzen: $(17+2x)x=135$, woraus er $2x^2+17x=135$ und daraus $4x^2+34x=270$ folgert. Um anfänglich Brüche zu vermeiden, wird er diese Gleichung mit 4 multiplizieren, woraus $16x^2+136x=1080$ folgt. Durch Addition des Quadrats des achten Teils von 136, also der Zahl 17, ergiebt sich dann: $(4x)^2+2.4x.17+17^2=1369$. Die Quadratwurzel aus 1369 ergiebt 37, so dass links das Quadrat von $4x+17$, rechts das von 37 erschienen ist, woraus folgt $4x+17=37$ oder

$4x + 17 = -37$ ist. Im ersten Falle ergiebt sich 5 als gedachte Zahl. Der zweite Fall ergiebt sich $x = -13\frac{1}{2}$, so dass, wenn auch eine negative gebrochene Zahl gedacht sein könnte, der Ratende zweifelhaft sein muss, ob die Zahl 5 oder die Zahl $-13\frac{1}{2}$ gedacht war.

— Bisher war immer nur vorausgesetzt, dafs eine einzige Zahl gedacht ist. Sind zwei oder mehr Zahlen gedacht, so führt die Auffindung derselben auf ein System von zwei oder mehr Gleichungen mit ebensoviel Unbekannten. Sind mehr Zahlen gedacht, als Angaben darüber gemacht werden, so führt die Lösung auf sogenannte diophantische Gleichungen. Die darauf führenden Probleme sollen jedoch hier ausgeschlossen bleiben. Dagegen soll hier der Fall erwähnt werden, dass zwei Zahlen gedacht sind und auch zwei Angaben darüber vorliegen, sowie, dass drei Zahlen gedacht sind und drei Angaben darüber vorliegen. Einige Beispiele einfachster Natur folgen hier:

13. Man lasse sich die Summe und die Differenz zweier gedachter Zahlen angeben. Von den beiden Resultaten, die man so erfährt, nehme man die halbe Summe und die halbe Differenz. Dann hat man die gedachten Zahlen. Denn $x + y = a$ und $x - y = b$ ergeben durch Addition $2x = a + b$ oder x gleich der Hälfte von $a + b$. Ferner erhält man durch Subtraktion $2y = a - b$ oder y gleich der Hälfte von $a - b$.

14. Man erfahre, dass derjenige, der sich zwei Zahlen gedacht hat, 43 bezw. 47 erhalten hat, je nach-

dem er nämlich das Vierfache der ersten mit dem Fünffachen der zweiten Zahl addiert hat, oder umgekehrt das Fünffache der ersten mit dem Vierfachen der zweiten Zahl addiert hat. Man hat dann anzusetzen $4x + 5y = 43$ und $5x + 4y = 47$. Durch Addition beider Gleichungen kommt $9x + 9y = 90$ oder $x + y = 10$ oder $4x + 4y = 40$, sowie $5x + 5y = 50$. Subtrahiert man nun $4x + 4y = 40$ von $4x + 5y = 43$, so erhält man $y = 3$. Subtrahiert man ferner $4x + 5y = 43$ von $5x + 5y = 50$, so erhält man $x = 7$. Also sind 7 und 3 die beiden gedachten Zahlen.

15. Von drei gedachten Zahlen lasse man die erste und zweite, die erste und dritte, sowie die zweite und dritte addieren. Man hört, dass dadurch die Summen 13, 18, 21 erhalten sind. Man setzt dann an: $x + y = 13$, $x + z = 21$, $y + z = 18$. Man addiere alle drei Gleichungen. Dann erhält man $2x + 2y + 2z = 52$ oder $x + y + z = 26$. Subtrahiert man von dieser Gleichung jede der drei angesetzten Gleichungen, so erhält man $x = 8$, $y = 5$, $z = 13$ als die gedachten drei Zahlen. Wenn also überhaupt bei drei gedachten Zahlen die Summe je zweier angegeben wird, so hat man von der Hälfte der Summe der drei angegebenen Resultate jedes einzelne Resultat zu subtrahieren, um die drei gedachten Zahlen zu erhalten.

— Für den Laien gestalten sich solche auf Raten von Zahlen bezüglichen Aufgaben dadurch oft fesselnder, dass die Zahlen sich auf Dinge beziehen, die den Ratenden persönlich besonders angehen, wie etwa die Zahl der Geldstücke, die er bei sich hat, die Zahl seiner Zähne, das Datum seines Geburtstages, sein Geburtsjahr, sein Alter, die Zahlen, die er gewürfelt hat, u. s. w. Von solchen eingekleideten Zahlen-Rate-Aufgaben hier nur ein Beispiel:

16. Man bitte denjenigen, dessen Alter man raten will, von der Zahl, die sein Alter in Jahren ausdrückt, die Quersumme (Summe der Ziffern) anzugeben. Darauf bitte man ihn, die betreffende Zahl umzukehren, d. h. die Zehner zu Einern und die Einer zu Zehnern zu machen, und dann den Unterschied zwischen der ursprünglichen und der umgekehrten Zahl zu sagen. Um aus den beiden so erhaltenen Angaben das Alter zu bestimmen, dividiere man die zuzweit angegebene Zahl durch 9, was immer ohne Rest möglich ist. Den erhaltenen Quotienten hat man dann zur Quersumme zu addieren und von der Quersumme zu subtrahieren. Die Hälften der in beiden Fällen erhaltenen Resultate stellen die Ziffern der Zahl dar, die das Alter angiebt. Erfährt man z. B. 11 als Quersumme und 63 als Differenz, so hat man 63 durch 9 zu dividieren, und die erhaltene Zahl 7 zu 11 zu addieren und von 11 zu subtrahieren. So erhält man 18 und 4, deren Hälften 9 und 2 sind. Die Entscheidung, ob das Alter dann 29 oder 92 Jahre beträgt, wird, wenn nicht auf andere Weise, dadurch herbeigeführt, dass man sich sagen lässt, ob die ursprüngliche Zahl oder die durch Umkehrung der Ziffern entstandene Zahl die grössere war.

§ 2.

Vorauswissen erhaltener Resultate.

— Wenn man jemand, der sich eine Zahl gedacht hat (vgl. § 1), vorschreibt, wie er mit der Zahl weiter rechnen soll, so lässt es sich so einrichten, dass die gedachte Zahl sich bei der Berechnung forthebt, wobei natürlich vorausgesetzt wird, dass man die gedachte Zahl nicht allein anfänglich, sondern auch nachher noch mindestens einmal in die Rechnung hineinzieht. Die Berechnung des enstandenen Ausdrucks, der ausser der sich forthebenden gedachten Zahl x, nur noch bestimmte Zahlen enthält, führt dann zu einem Resultate, das derjenige, der sich die Zahl gedacht hat, auch erhalten haben muss, so dass man ihm sein Resultat sagen kann, wie folgende Beispiele zeigen:

1. Man lasse die gedachte Zahl verdreifachen, zu dem Dreifachen 2 addieren, die Summe mit 4 multiplizieren, zum Produkte 4 addieren, die Summe durch 12 dividieren, und vom Quotienten die gedachte Zahl

subtrahieren. Dann weiss man, dass der, der sich die Zahl gedacht hat, die Zahl 1 erhalten haben muss, gleichviel, welche Zahl er sich gedacht hat. Denn $(3x + 2) . 4 + 4$ ergiebt $12x + 8 + 4$ oder $12x + 12$, dies durch 12 dividiert ergiebt $x + 1$. Subtrahiert man aber x von $x + 1$, so muss immer 1 herauskommen, gleichviel, wie gross x ist. War z. B. 7 die gedachte Zahl, so wurden nacheinander folgende Zahlen erhalten 21, 23, 92, 96, 8, 1. War 9 die gedachte Zahl, so ergab sich: 27, 29, 116, 120, 10, 1.

2. Die gedachte Zahl werde um 5 vermehrt, die Summe mit 18 multipliziert, vom Produkte das Dreifache der gedachten Zahl subtrahiert, die Differenz durch 15 dividiert und vom Quotienten die gedachte Zahl subtrahiert, so ergiebt sich immer 6, gleichviel welche Zahl gedacht war. Denn $[(x + 5) . 18 - 3x] : 15 - x = [18x + 90 - 3x] : 15 - x = [15x + 90] : 15 - x = x + 6 - x = 6$. War z. B. 13 die gedachte Zahl, so ergab sich nacheinander: 18, 324, 285, 19, 6. War 45 die gedachte Zahl, so erhielt man: 50, 900, 765, 51, 6.

3. Die beiden Zahlen, von denen die eine um 3, die andere um 4 grösser ist, als die gedachte Zahl, lasse man miteinander multiplizieren, das Produkt vervierfachen und zu diesem Vierfachen 1 addieren. Aus der erhaltenen Summe lasse man die Quadratwurzel ziehen und von derselben das Doppelte der gedachten Zahl subtrahieren. Dann erhält man immer 7. Denn $4(x+3)(x+4)+1$ ergiebt $4x^2+28x+49=(2x+7)^2$. Also liefert die Quadratwurzel-Ausziehung $2x + 7$. Subtrahiert man aber $2 . x$ von $2 . x + 7$, bleibt immer 7

übrig, gleichviel wie gross x war. War etwa 96 die gedachte Zahl, so hat man zu rechnen: 99 mal 100, also 9900, woraus dann durch Vervierfachung 39600 hervorgeht. Dann ist die Quadratwurzel aus 39601 zu ziehen. Dieselbe ergiebt 199. Wenn man dann von diesem Resultat das Doppelte der gedachten Zahl, also 192 abziehen lässt, wird in der That die Zahl 7 erhalten.

§ 3.

Merkwürdige Zifferfolgen.

Die Welt der Zahlen birgt mannigfache Eigenschaften, die dem Laien wie ein Wunder erscheinen müssen, während sie dem Arithmetiker, weil er diese Eigenschaften beweisen kann, als selbstverständlich erscheinen. Hier sollen einige Eigenschaften behandelt werden, bei denen die R e i h e n f o l g e der aufeinanderfolgenden Ziffern massgebend ist.

Die sechsziffrige Zahl

142857

hat die merkwürdige Eigenschaft, dafs d i e R e i h e n f o l g e i h r e r Z i f f e r n s i c h n i c h t ä n d e r t, wenn man sie mit 2, 3, 4, 5 oder 6 multipliziert, wobei man die erste Ziffer als auf die letzte folgend ansehen muss. In der That giebt das

Zweifache: 285714;
Dreifache: 428571;
Vierfache: 571428;
Fünffache: 714285;
Sechsfache: 857142.

Nimmt man weiter das Siebenfache, so erhält man eine Zahl, die aus lauter Neunen besteht. Multipliziert man mit einer Zahl, die grösser als 7 ist, so erhält man eine Zahl, die aus mehr als sechs Ziffern besteht. Wenn man dann die Zahl, die den sechs letzten Ziffern vorangeht, zu der Zahl addiert, die aus den sechs letzten Ziffern besteht, so erhält man wiederum dieselbe Zifferfolge wie oben, also immer eine der sechs Zahlen 142857 oder 428571 oder 285714 oder 857142 oder 571428 oder 714285. Beispielsweise multiplizieren wir die ursprüngliche Zahl 142857 mit 24, so erhalten wir 3428568. Die den sechs letzten Ziffern vorangehende Zahl ist 3. Addieren wir dieselbe zu der Zahl 428568, die aus den sechs letzten Ziffern besteht, so ergiebt sich 428571, also eine Zahl, die dieselbe Zifferfolge hat, wie die ursprüngliche Zahl 142857, wenn man die erste Ziffer 1 als auf die letzte 7 folgend ansieht. Nur wenn man mit einem Vielfachen von 7 multipliziert, erhält man auf dieselbe Weise eine Zahl, die sich aus sechs Neunen zusammensetzt. Multipliziert man z. B. mit 42, so erhält man zunächst 5999994, und da diese Zahl 7 Ziffern hat, soll man die, von rechts gerechnet, siebente Ziffer 5 zu 999994 addieren, was in der That auf 999999 führt.

Diese wunderbare Eigenschaft der Zahl 142857 erkennt man als sehr natürlich, wenn man daran denkt, dass 142857 die Periode der Dezimalbruch-Entwickelung des Bruches $\frac{1}{7}$ ist. Entwickelt man $\frac{1}{7}$ in einen Dezimalbruch, so erscheinen nacheinander die Reste 3, 2, 6, 4, 5, 1, die man immer mit zehn zu multiplizieren hat, um den folgenden Quotienten zu erhalten. Dadurch erscheinen 4, 2, 8, 5, 7, 1 als Quotienten. Folglich muss der Bruch $\frac{3}{7}$ die Periode 428571, $\frac{2}{7}$ die Periode 285714, $\frac{6}{7}$ die Periode 857142 u. s. w. haben. Nun ist aber andrerseits $\frac{3}{7}$ das Dreifache von $\frac{1}{7}$, $\frac{2}{7}$ das Zweifache von $\frac{1}{7}$, $\frac{6}{7}$ das Sechsfache von $\frac{1}{7}$ u. s. w. Hiermit ist aber die erwähnte Eigenschaft der Zahl 142857 als natürlich nachgewiesen, für den Fall, dass der Multiplikator kleiner als 7 ist. Multipliziert man $\frac{1}{7}$ mit 7, so erscheint die Zahl 1; 1 ist aber andrerseits gleich dem periodischen Dezimalbruch, der aus lauter Neunen besteht. Wie zu verfahren ist, wenn der Multiplikator grösser als 7 ist, geht aus dem folgenden Beispiel hervor, wo 24 als Multiplikator gewählt ist. Dass der Bruch $\frac{1}{7}$ einem periodischen Dezimalbruch gleich ist, dessen Periode 142857 ist, lässt sich arithmetisch so ausdrücken:

$$\frac{1}{7} = \frac{142857}{10^6} + \frac{142857}{10^{12}} + \frac{142857}{10^{18}} + \ldots$$

Multipliziert man nun mit 24, so erhält man:

$$3\frac{3}{7} = 3 + \frac{428568}{10^6} + \frac{3}{10^6} + \frac{428568}{10^{12}} + \frac{3}{10^{12}} + \ldots.$$

Man sieht also, dass man die den letzten sechs Ziffern voranstehende 3 zu der Zahl, die aus den letzten sechs Ziffern besteht, addieren muss, um wiederum eine Zahl mit derselben Zifferfolge zu erhalten.

Aus der voranstehenden Begründung geht hervor, dass die merkwürdige Eigenschaft der Zahl 142857 jeder (p — 1)-ziffrigen Zahl zukommen muss, die die Periode der Dezimalbruch-Entwickelung von $\frac{1}{p}$ ist, wo p Primzahl ist. Um weitere solche Zahlen zu finden, müssen wir also Primzahlen p von der Eigenschaft bestimmen, dass der Dezimalbruch, der gleich $\frac{1}{p}$ ist, eine Periode mit p — 1 Ziffern hat. Die kleinste von solchen Zahlen ist 7, dann folgen 17 und 19. Die Dezimalbruch-Entwickelung von $\frac{1}{17}$ ergiebt eine Periode von 16 Stellen, nämlich:

0588235294117647.

Betrachtet man diese Periode als eine Zahl für sich, so hat dieselbe die nämliche Eigenschaft, wie 142857, falls man die 0, mit der die Periode beginnt, mit zur Zahl hinzurechnet, so dass die Zahl also nicht als fünfzehnziffrig sondern als sechszehnziffrig betrachtet wird. Man kann dann die Zahl mit einem ganz beliebig gewählten Multiplikator multiplizieren, immer wird eine Zahl mit derselben Zifferfolge wiedererscheinen. Multipliziert man z. B. mit 4, so erhält man:

2352941176470588.

Multipliziert man mit 17, so erscheinen wieder lauter Neunen. Multipliziert man mit einer Zahl, die grösser als 17 ist, so hat man die den 16 letzten Ziffern voranstehende Zahl zu der aus diesen 16 Ziffern bestehenden Zahl zu addieren, um wieder eine Zahl mit derselben Ziffernfolge zu erhalten. Multipliziert man z. B. mit 44, so erhält man zunächst

25882352941176468.

Die den 16 letzten Ziffern voranstehende Zahl 2 zu 5882352941176468 addiert, ergiebt

5882352941176470,

eine Zahl mit derselben Zifferfolge, wie die ursprüngliche Zahl.

Wenn man ferner $\frac{1}{19}$ in einen Dezimalbruch entwickelt, so erhält man eine 18stellige Periode, die von der folgenden 18ziffrigen Zahl gebildet wird:

052631578947368421.

Diese Zahl, bei welcher die den Anfang bildende Null mit zur Zahl gerechnet werden mufs, hat wiederum die Eigenschaft, dass sie durch Multiplikation mit irgend einem beliebig gewählten Multiplikator immer wieder zu einer Zahl mit derselben Zifferfolge führt. Multipliziert man z. B. mit 13, so erhält man:

684210526315789473.

Derartiger Zahlen, wie die drei besprochenen, welche von $\frac{1}{7}$, $\frac{1}{17}$, $\frac{1}{19}$ herrühren, giebt es natürlich unzählig viele, indem alle Brüche $\frac{1}{p}$, bei denen die Periode der Dezimalbruch-Entwickelung p — 1 Stellen hat, eine solche Zahl hervorrufen müssen. Man bemerke, dass diese Eigenschaft nicht alle Brüche $\frac{1}{p}$ haben, bei denen p Primzahl ist, sondern nur diejenigen, für welche die Zahl 10, die Basis unserer Zifferschrift, primitive Wurzel ist, wie man sich zahlentheoretisch ausdrückt.

Wählt man eine Primzahl p von der Eigenschaft, dass der Dezimalbruch, der gleich $\frac{1}{p}$ ist, eine Periode von weniger als p — 1 Stellen hat, so giebt eine solche Periode eine Zahl, die durch Multiplikation mit gewissen Multiplikatoren zu Zahlen von gleicher Zifferfolge führen. Der Unterschied ist also der, dafs nicht jede, sondern nur gewisse Zahlen zu Multiplikatoren gewählt werden dürfen. Entwickelt man z. B. $\frac{1}{13}$ in einen Dezimalbruch, so gelangt man zu der Periode 076923. Daher hat die Zahl

076923

die Eigenschaft, mit gewissen Faktoren multipliziert, zu Zahlen zu führen, die dieselbe Zifferfolge haben. Diese Faktoren sind 1, 10, 9, 12, 3, 4, sowie alle Zahlen, die um ein Vielfaches von 13 grösser sind. Multipliziert man aber die Zahl 076923 mit den Faktoren 2, 5, 6, 7, 8, 11, so erhält man

153846, 384615, 461538, 538461, 615384, 846153,

also Zahlen, die unter sich wieder dieselbe Reihenfolge der Ziffern 1, 5, 3, 8, 4, 6, 1, 5, 3, . . . darbieten. Multipliziert man mit Faktoren, die um ein Vielfaches von 13 grösser sind, als 2, 5, 6, 7, 8, 11, so erhält man Zahlen mit mehr als sechs Ziffern, aus denen man in derselben Weise wie oben sechsziffrige Zahlen mit gleicher Zifferfolge gewinnen kann. Wir erkennen also, dass sich aus der Dezimalbruch-Entwickelung von $\frac{a}{13}$ zwei sechsziffrige Zahlen gewinnen lassen von der Eigenschaft, dass die Multiplikation einer derselben mit einem beliebig gewählten Faktor zu einer Zahl führt, die dieselbe Zifferfolge hat, wie die eine oder die andere von den beiden sechsziffrigen Zahlen. Der Zahl 13 gehören also in derselben Weise zwei Zifferfolgen an, wie den Zahlen 7, 17, 19 je eine Zifferfolge angehörte.

Nehmen wir ferner die Primzahl 41 und entwickeln $\frac{1}{41}$ in einen Dezimalbruch, so gelangen wir zu einer Periode von nur fünf Stellen. Daher hat die Zahl, die diese Periode bildet, nämlich:

02439

die Eigenschaft, dass sie, mit allen denkbaren Faktoren multipliziert, zu 8 Gruppen von je fünf Ziffern führt, so dafs die fünf Zahlen einer solchen Gruppe immer gleiche Zifferfolge haben, nämlich:

02439 mal			02439 mal			02439 mal			
1	giebt	02439	2	giebt	04878	3	giebt	07317	u. s. w.
10	„	24390	20	„	48780	30	„	73170	
18	„	43902	36	„	87804	13	„	31707	
16	„	39024	32	„	78048	7	„	17073	
37	„	90243	33	„	80487	29	„	70731	

Man kann nun natürlich auch eine beliebige dieser Zahlen etwa 70731, herausgreifen. Man kann dann sicher sein, dass, wenn man sie mit einem beliebigen Faktor multipliziert, man immer wieder auf eine der acht möglichen Zifferfolgen stösst, sobald man nur immer die Regel befolgt, dass die den letzten fünf Ziffern etwa noch voranstehende Zahl zu der aus diesen fünf Ziffern bestehenden Zahl addiert wird. Ganz allgemein erkennen wir also folgendes: Wenn p eine Primzahl ist, so führt die Dezimalbruch-Entwickelung aller Brüche, die p zum Nenner haben, auf g Gruppen von je $\frac{p-1}{g}$ Zahlen von solcher Eigenschaft, dass die Multiplikation irgend einer dieser Zahlen mit einem beliebigen Faktor immer wieder auf eine der p — 1 Zahlen führt, sobald man die etwa den p — 1 letzten Ziffern noch voranstehende Zahl zu der aus diesen letzten p — 1 Ziffern bestehenden Zahl addiert. Dabei haben die Zahlen in einer und derselben Gruppe gleiche Zifferfolge, wie z. B. 48780 und 80487.

Zu merkwürdigen Zifferfolgen führt auch die Dezimalbruch-Entwickelung des Bruches $\frac{1}{81}$. Die Periode derselben wird von der folgenden Zahl gebildet:

012345679.

Multipliziert man dieselbe mit 9, so erhält man eine Zahl, die aus lauter Ziffern 1 besteht, weil $\frac{9}{81} = \frac{1}{9}$ ist, und die Periode des Dezimalbruchs, der gleich $\frac{1}{9}$ ist, die Zahl 1 ist. Daraus folgt dann, dass durch Multiplikation mit jedem Vielfachen von 9 eine Zahl entsteht, die aus lauter gleichen Ziffern besteht. In der Zahl 012345679 sind alle Ziffern von 0 bis 9 ausser 8 vertreten, und zwar auch der Reihe nach. Multipliziert man nun die Zahl 012345679 mit irgend einer nicht durch 3 teilbaren Zahl, so erhält man eine Zahl, die wiederum aus allen Ziffern von 0 bis 9 mit Ausnahme einer besteht, und diese eine fehlende Zahl ist immer diejenige, welche man zu dem Faktor addieren müsste, damit eine durch 9 teilbare Zahl entsteht. Multipliziert man z. B. mit 2, so erhält man 024691358, eine Zahl, in der alle Ziffern ausser $7 = 9 - 2$ vorkommen. Multipliziert man mit 8, so erhält man die Zahl 098765432, also eine Zahl, in der alle Ziffern ausser $1 = 9 - 8$ vorkommen. Multipliziert man mit 13, so kommt eine Zahl heraus, bei der alle Ziffern ausser 5 vorkommen, weil 5 die Zahl ist, die man zu 13 addieren muss, damit die nächste durch 9 teilbare Zahl 18 entsteht. Diese Eigenschaft bleibt auch dann noch bestehen, wenn der Faktor, mit dem multipliziert wird, grösser als 81 ist. Nur muss dann, ähnlich wie bei den oben behandelten Zifferfolgen, die Zahl, die den neun letzten

Ziffern vorangeht, zu der aus diesen Ziffern bestehenden Zahl addiert werden. Multipliziert man endlich die Zahl 012345679 mit einem Faktor, der durch 3, aber nicht durch 9 teilbar ist, so erhält man in den 9 Ziffern eine dreimal wiederholte dreiziffrige Zahl. Multipliziert man z. B. mit 12, so erhält man 148148148. Der Beweis dieser merkwürdigen Eigenschaften der Zahl 012345679 würde hier zuweit führen. Gesagt sei nur, dass diese Eigenschaften damit zusammenhängen, dass jene Zahl die Periode der Dezimalbruch-Entwickelung von $\frac{1}{(10-1)^2}$ ist.

In ganz andrer Weise erscheinen alle 2n-ziffrigen Zahlen merkwürdig, deren erste n Ziffern 1 heissen, deren weitere n — 1 Ziffern 5 heissen und deren letzte Ziffer 6 ist. Denn jede solche Zahl ist eine Quadratzahl, wie gross auch n sein mag. So ist:

16 das Quadrat von 4
1156 das Quadrat von 34
111556 das Quadrat von 334
11115556 das Quadrat von 3334
1111155556 das Quadrat von 33334

u. s. w.

Dieselbe Eigenschaft hat auch jede 2n-ziffrige Zahl, deren erste n Ziffern 4 heissen, deren weitere n — 1 Ziffern 8 heissen und deren letzte Ziffer 9 ist. So ist:

49	das Quadrat von	7
4489	das Quadrat von	67
444889	das Quadrat von	667
44448889	das Quadrat von	6667
4444488889	das Quadrat von	66667

u. s. w.

Um diese Eigenschaft zu begründen und zugleich zu erkennen, ob noch andere 2 n-ziffrige Zahlen dieselbe Eigenschaft haben, betrachten wir zunächst das Quadrat von

$$b = 3\,(10^a + 10^{a-1} + \ldots + 10 + 1)$$

Wir erhalten:

$$b^2 = 9\,(10^a + 10^{a-1} + \ldots + 10 + 1)^2$$

oder:

$$b^2 = (10 - 1)\,(10^a + 10^{a-1} + \ldots + 10 + 1)$$
$$\text{mal } (10^a + 10^{a-1} + \ldots + 10 + 1)$$

oder, nach bekannter Umformung:

$$b^2 = (10^{a+1} - 1)\,(10^a + 10^{a-1} + \ldots + 10 + 1)$$

oder:

$$b^2 = (10^{2a+1} + 10^{2a} + 10^{2a-1} + \ldots + 10^{a+1})$$
$$- (10^a + 10^{a-1} + \ldots + 1).$$

Nachdem diese Umformung, die wir benutzen wollen, vorauf genommen ist, gehen wir von der Identität

$$(nb + 1)^2 = n^2b^2 + 2n\,b + 1$$

aus, deren rechte Seite wir auch so schreiben können:

$$n^2\,(10^{2a+1} + 10^{2a} + \ldots + 10^{a+1})$$
$$+ (6n - n^2)\,(10^a + 10^{a-1} + \ldots + 10) +$$
$$(6n - n^2 + 1).$$

Setzt man nun in diesem Ausdruck $n = 1$, so erhält man:

$$(b + 1)^2 = 1 \,.\, (10^{2a+1} + \ldots 10^{a+1}) + 5 \,.\, (10^a + \ldots + 10) + 6,$$

woraus rechts die Zahlen 16, 1156, 111556, 11115556 u. s. w. hervorgehen, wenn man nacheinander $a = 0$, $a = 1$, $a = 2$, $a = 3$ u. s. w. einsetzt, während links $(3 + 1)^2$, $(33 + 1)^2$, $(333 + 1)^2$, $(3333 + 1)^2$ herauskommt.

Setzt man zweitens $n = 2$, so erhält man:

$$[6\,(10^a + 10^{a-1} + \ldots) + 1]^2 = 4\,(10^{2a+1} + \ldots + 10^{a+1}) + 8\,(10^a + \ldots + 10) + 9,$$

woraus für $a = 0$, $a = 1$, $a = 2$ u. s. w. nacheinander folgt:

$$7^2 = 49, \quad 67^2 = 4489, \quad 667^2 = 444889 \text{ u. s. w.}$$

Setzt man n gleich 3 oder grösser als 3, so bleiben zwar unsere obigen Formeln noch richtig. Sie bilden aber dann keine Quelle mehr für merkwürdige Zahlen, weil n^2, $6n - n^2$ und $6n - n^2 + 1$ Ziffern sein müssen, also nicht grösser als 9 sein dürfen.

§ 4.

Über sehr grosse Zahlen.

Im Innern von Australien ebensowohl wie im Innern von Süd-Amerika giebt es Völkerschaften, welche Zahlen, die grösser sind als 2 oder 6, in ihrer Sprache nicht auszudrücken vermögen, weder durch besondere Zahlwörter noch durch Zusammensetzung von Wörtern für kleinere Zahlen noch auch durch Umschreibungen. Solche Völker haben überhaupt nicht das Bedürfnis, Zahlen, die grösser sind, als wesentlich verschieden aufzufassen. So erzählt Herr von den Steinen von den Baccaïri, die am Xingu, einem Nebenflusse des Amazonenstromes, wohnen, dass sie Zahlen von 1 bis 6 durch Zusammensetzung auszudrücken vermögen, dass sie aber, veranlasst, noch grössere Zahlen zu nennen, sich in die Haare fassen, um dadurch etwas Unzählbares auszudrücken. So wird ferner von den Botokuden, die auch in Süd-Amerika zwischen dem Rio Doce und dem Rio Pardo wohnen, berichtet, dass sie sprachlich nur eins und viel unterscheiden können und dass sie daher schon für zwei und drei ein und dasselbe Wort haben. Wenn wir mit Achselzucken auf ein so geringes Bedürfnis, Zahlen auszudrücken, herabsehen, so sollten wir, kritisch gegen uns selbst, nicht vergessen, dass auch in unsrer modernen Kultur der Durchschnittsmensch nicht imstande ist, grosse Zahlen von einander zu unterscheiden, oder wenigstens nicht imstande ist, im Gebiete grosser Zahlen richtige Schlussfolgerungen zu machen. Wie dem Botokuden die Unterscheidung von zwei und drei als unwesentlich erscheint, so erscheint auch manchem modernen Kulturmenschen die Unterscheidung von einer Billion und einer Trillion als unwesentlich, oder wenigstens denkt er nicht daran, dass die eine Zahl eine Million mal so gross ist wie die andere, sich also zu ihr verhält, wie etwa die Entfernung von Berlin nach San Franzisko zu der Breite einer Strasse. Dass auch unser Zahl-Bedürfnis in früheren Zeiten kleiner war als heute, erkennen wir aus der Vergleichung der Zahlwörter der indogermanischen Sprachen. Während die Zahlwörter für die Zahlen von 1 bis 100 in allen diesen Sprachen grosse Verwandtschaft zeigen, hört dies schon bei den Zahlwörtern für tausend auf. Denn *χίλιοι*, mille und tausend haben gewiss keine etymologische Verwandtschaft. Wir können hieraus schliessen, dass erst nach der Trennung der indogermanischen Völker bei ihnen das Bedürfnis entstanden ist, eine so grosse Zahl wie tausend, sprachlich auszudrücken. Was das Zahlwort „million“ anbetrifft, so soll dasselbe zuerst im Jahre 1362 gebraucht sein. Doch ist dasselbe wohl erst viel später in allgemeineren Gebrauch gekommen. Wenigstens kennt Adam Riese, der grosse deutsche Rechenmeister, der um die Mitte des 16. Jahrhunderts lebte, das Wort „million“ noch nicht, sondern umschreibt es durch „tausend mal tausend." Noch viel später entstanden die Zahlwörter „Billionen" und „Milliarde". Das Wort Milliarde für tausend Millionen kam erst in unserm Jahrhundert in Gebrauch, und zwar zuerst in der Finanzsprache. Namentlich in der Astronomie ist die Kenntnis der Thatsache, dass eine Billion das Millionenfache einer Million ist, von Wichtigkeit. Während nämlich die Entfernungen der Planeten von der Sonne oder von einander zwischen sechs Millionen und einigen hundert Millionen Meilen variieren, betragen die Entfernungen der nächsten Fixsterne von der Sonne oder von irgend einem Punkte unsres Planeten-Systems zwischen fünf Billionen und mehreren hundert Billionen Meilen. Da aber eine Billion zu einer Million sich verhält wie eine Million zu 1, so sind alle Entfernungen zwischen den Sternen des Planeten-Systems verschwindend klein gegenüber der Entfernung der Planeten von irgend einem Fixstern. Vom Sirius aus gesehen, muss demnach nicht bloss die Sonne oder die Erde, sondern unser ganzes Planeten-System wie ein verschwindend kleiner Lichtpunkt aussehen, gerade so wie uns der Sirius erscheint, der möglicher Weise auch ein ganzes Planeten-System ist. Das Verhältnis einer Million zu einer Billion erkennt man ferner sehr deutlich, wenn man sich berechnet, dass in weniger als 2 Monaten eine Million von Sekunden vergeht, dass aber zu einer Billion von Sekunden mehr als dreissigtausend Jahre erforderlich sind, dass also das Menschengeschlecht in historischen Zeiten noch keine Billion von Sekunden erlebt hat.

Der Grund, warum wir uns bei Zahlen, die einige

hundert Millionen überschreiten, leicht irren, liegt darin, dass Handel, Industrie und Technik uns selten zu Zahlen führt, die mehr als 8 Ziffern haben, und dass man es nur in den mathematischen und physikalischen Wissenschaften nötig hat, so grosse Zahlen zu handhaben. Diese Wissenschaften haben daher eine weitergehende Wortbildung für grosse Zahlen erfordert. Für das Millionenfache einer Billion hat man das Wort Trillion gebildet. Eine Trillion wird also durch eine 1 mit 18 angehängten Nullen schriftlich dargestellt. So weitergehend gelangt man zu einer Quadrillion, die durch eine 1 mit 24 angehängten Nullen zu bezeichnen ist. So kann man, mit Benutzung der lateinischen Zahlwörter beliebig weitergehen. Man würde also unter einer Centesillion die Zahl verstehen, die die 600te Potenz von 10 ist, also durch eine 1 mit 600 angehängten Nullen dargestellt werden müsste. Doch wird man natürlich schon bei Zahlen, die mehr als eine Million betragen, es vorziehen, sie durch Potenzen von zehn näherungsweise auszudrücken. Z. B. beträgt das Gewicht der Erde zwischen 5.10^{24} und 6.10^{24} Kilogramm.

Die Thatsache, dass die Resultate der modernen exakten Wissenschaften zuerst die Bildung von Wörtern für grosse Zahlen nötig machten, könnte uns zu dem Glauben führen, dass auch kein Volk früherer Zeiten sich mit grossen Zahlen beschäftigt hat. Dies ist im grossen und ganzen richtig. Ein Volk jedoch macht hierin eine Ausnahme, nämlich die Inder. In Indien, wo auch unsere bequeme Zifferschrift erfunden wurde, gab es schon zu Buddhas Zeiten besondere Zahlwörter für alle Zahlen bis zu hunderttausendmillionen, und

Buddha selbst soll die Zahlwortbildung bis zur Zahl 10^{54} fortgesetzt haben, also bis zu der Zahl, die wir, nach Analogie der Wörter Million, Billion und Trillion, Nonillion nennen müssten. Auch aus dem alten National-Epos und den Volksmärchen der Hindus geht ihre Liebe zu grossen Zahlen unverkennbar hervor. Dort wird von einem König erzählt, der tausend Billionen Diamanten besessen haben soll. Dort ist von einer Schlacht die Rede, in der zehntausend Sextillionen Affen gekämpft haben, also mehr Affen, als in unserm Planetensystem Platz hätten, auch wenn man die Affen dicht bei einander packen würde. Dort wird ferner mitgeteilt, dass es 24000 Billionen Götter gebe, und dass Buddha 600000 Millionen Söhne gehabt hat. Ein solches Streben, das Erhabene durch grosse Zahlen auszudrücken, finden wir bei keinem andern Volke als den Hindus. Das einzige Beispiel, das im griechischen Altertum bezüglich grosser Zahlen vorkommt, ist die Sandrechnung (ψαμμίτης) des Archimedes, in der berechnet wird, wieviel Sandkörner in der Welt Platz hätten, wenn die Welt als so und soviel mal so gross wie die Erde vorausgesetzt würde. Aber Archimedes unternahm seine Sandrechnung nicht, um in grossen Zahlen zu schwelgen, sondern um zu zeigen, dass es unrichtig sei, von unzählig vielen Sandkörnern zu sprechen, und dass die Zahlenreihe nach oben hin unbegrenzt sei, wenn auch keine einfachen Zahlwörter mehr da wären, um solche Zahlen sprachlich kurz auszudrücken. Die Vorliebe der Hindus für übertrieben grosse Zahlen trat noch mehr hervor, als im vierten Jahrhundert unsrer Zeitrechnung indische Brahmapriester die moderne Zifferschrift erfanden, die darauf beruht, dass eine Ziffer, je nach der S t e l l e, die sie einnimmt, ihr Einfaches, ihr Zehnfaches, ihr Hundertfaches u. s. w. bedeutet, und dass die Stelle einer ganz ausfallenden Stufenzahl durch ein besonderes Zeichen, die Null, ausgefüllt wird. Dieses Prinzip, nach dem jetzt die Zahlen von allen Völkern geschrieben werden, die überhaupt eine Zifferschrift haben, ermöglicht es, mit zehn Zeichen, nämlich denen für die Zahlen von Null bis Neun, j e d e n o c h s o g r o s s e Z a h l z u s c h r e i b e n, was z. B. in der römischen Zifferschrift nicht möglich ist, weil in dieser immer neue Zeichen eingeführt werden müssen, wenn man immer grössere Zahlen schreiben will. Die indische Zifferschrift und die bequemen Methoden, nach denen in ihr gerechnet werden kann, drangen im achten Jahrhundert zu den Arabern, und durch diese im zehnten bis zwölften Jahrhundert zu den christlichen Völkern Europas. Doch dauerte es bis zur Zeit der Reformation, ehe die indische Zifferschrift auch im Volksrechnen feste Wurzel gefasst hatte. Nun aber erstanden im 16. Jahrhundert grosse Rechentalente, wie Adam Riese und Ludolf van Ceulen, die es verstanden, mit sehr grossen Zahlen richtige Berechnungen auszuführen. Obgleich wir heutzutage nicht eine Vorliebe für grosse Zahlen, so wie die Inder, besitzen, so wird doch unser Interesse für grosse Zahlen wachgerufen, wenn sich dieselben auf Dinge beziehen, die uns, bezüglich kleiner Anzahlen, geläufig sind. Im folgenden ist daher eine Reihe von interessanten Beispielen zusammengestellt, in denen grosse Zahlen vorkommen.

1. Das Skatspiel, in welchem bekanntlich 32 Karten unter drei Personen so verteilt werden, dass jede 10 erhält und dass zwei Karten besonders gelegt werden, führt zu der Frage, auf wievielfache Weise sich die 32 Karten in der angegebenen Weise verteilen lassen, oder mit anderen Worten, wieviel verschiedene Spiele möglich sind. Die Kombinationslehre antwortet auf diese Frage, dass die gesuchte Anzahl gleich

$$\frac{32!}{10!\ 10!\ 10!\ 2!}$$

ist, wo immmer a! das Produkt aller Zahlen von 1 bis a ist. Rechnet man aus, so erhält man für die gesuchte Zahl

2753 Billionen 294408 Millionen und 504640.

Um eine Vorstellung von der Grösse dieser Zahl zu bekommen, fügen wir folgendes hinzu. Wenn die ganze lebende Menschheit nichts weiter zu thun hätte, als Tag und Nacht Skat zu spielen, und zwar so, dass immer drei zusammenspielten und ein Spiel durchschnittlich in fünf Minuten erledigten, so würden 52 bis 53 Jahre nötig sein, um zu erreichen, dass jede der durch die obige Zahl dargestellten Karten-Verteilungen durchgespielt wäre. Wenn aber allein die Bewohner Altenburgs, des Geburtslandes des Skatspiels, diese Aufgabe zu erledigen hätten, so würden sie fünf bis sechsmal hunderttausend Jahre brauchen, ehe sie sagen könnten, dass jedes denkbare Skatspiel in Altenburg gespielt sei. Wir fügen hinzu, dass unter den rund 2753 Billionen Spielen sich 655 Billionen oder 22 bis 23 Prozent befinden, bei denen wenigstens ein

Wenzel (Bube) im Skat liegt, d. h. zu den beiden besonders gelegten Karten gehört, dass aber kaum 4 Millionen Spiele oder der 700millionte Teil aller Spiele so beschaffen ist, dass einer der Mitspieler Treff Solo mit 11 Matadoren spielen kann.

2. Viel grösser als beim Skatspiel ist die Zahl aller denkbaren Verteilungsmöglichkeiten beim Whistspiel, bei welchem 52 Karten unter vier Mitspieler verteilt werden, sodass jeder 13 Karten erhält. Die gesuchte Zahl ergiebt sich durch Berechnung des Ausdrucks:

$$\frac{52!}{13!\ 13!\ 13!\ 13!}.$$

Man erhält:

53 644 Quadrillionen
und 737 765 Trillionen
und 488 792 Billionen
und 839 237 Millionen
und 440 000.

Von der Grösse dieser Zahl giebt vielleicht das folgende Beispiel eine Vorstellung. Wenn die ganze Erdoberfläche, einschliesslich aller Gebirge und Oceane, mit Whisttischen so besetzt werden könnte, dass der Tisch nebst den vier Spielern immer nur 1 Quadratmeter bedeckte, und wenn dann an jedem dieser Tische unaufhörlich Whist gespielt würde, und zwar immer in je 5 Minuten ein Spiel, so würde es länger als tausend Millionen Jahre dauern, ehe auf dieser nur mit Whisttischen bedeckten Erde jede denkbare Verteilungsart der 52 Karten durchgespielt wäre.

3. In den vorangehenden beiden Beispielen führte

uns die Kombinationslehre zu sehr grossen Zahlen. Nicht weniger gross werden die Zahlen, die aus geometrischen Progressionen hervorgehen. Das bekannteste Beispiel hierfür liefert die Geschichte von der Belohnung, die der Erfinder des Schachspiels erhalten sollte. Diese Geschichte, die in Indien, der Heimat des Schachspiels und der grossen Zahlen, entstanden ist, und seit Jahrhunderten in alle Arithmetikbücher Eingang gefunden hat, lautet folgendermassen. Ein König in Indien, Namens Shehram, forderte den Erfinder des Schachspiels, Namens Sessa Ebn Daher, auf, er möchte sich selbst eine Belohnung für seine Erfindung auswählen. Der Erfinder erbat darauf die Zahl der Weizenkörner, die auf ein Schachbrett kämen, wenn man auf das erste Feld eins legte, auf das zweite zwei, auf das dritte vier und so weiter auf jedes folgende Feld doppelt soviel, als auf das vorhergehende. Der König versprach ihm gern diese nach seiner Meinung sehr bescheidene Belohnung. Als die Zahl aber berechnet wurde, fand sich, dass dieselbe gleich $2^{64} - 1$ sei, oder:

18 Trillionen
und 446 744 Billionen
und 073 709 Millionen
und 551 615

betrug. Der König war nicht imstande, sein Versprechen zu halten, und wäre es auch nicht gewesen, wenn er die ganze Erde besessen hätte und sein ganzes Leben lang unaufhörlich Weizen gepflanzt und geerntet hätte. Denn es ergiebt sich, dass, wenn man den ganzen festen Teil der Erdoberfläche gleichmässig mit Weizenkörnern bestreute, eine über neun Millimeter hohe Schicht entstehen würde, wenn man die oben genannte Anzahl von Weizenkörnern ausstreute.

4. Zu Potenzen der Zahl Zwei führt auch die Frage nach der Zahl der Ahnen, die irgend ein bestimmter, jetzt lebender Mensch A hat. Er hat 2 Eltern, also 4 Grosseltern, 8 Urgrosseltern, 16 Ururgrosseltern u. s. w. Bezeichnet man also die Eltern als Ahnen ersten Ranges, die Grosseltern als Ahnen zweiten Ranges, u. s. w., so ergiebt sich, dass A 2^n Ahnen n-ten Ranges hat. Nun kann man annehmen, dass auf ein Jahrhundert drei Generationen kommen, dass also vor hundert Jahren die Urgrosseltern von A so alt waren, wie A jetzt ist. Also haben von A jetzt vor hundert Jahren 8 Ahnen gelebt, vor zweihundert Jahren also 64, u. s. w. So erhalten wir, dass vor 1900 Jahren, also kurz vor Beginn unsrer Zeitrechnung, 8^{19} Ahnen von A gelebt haben. Das sind aber ungefähr 144000 Billionen Menschen. Diese hätten aber auf der Erd-Oberfläche nicht Platz gehabt, selbst, wenn man annehmen wollte, dass die ganze Erd-Oberfläche, einschliesslich aller Gebirge, Oceane und Wüsten, mit den dicht aneinander gedrängten Ahnen der Person A bedeckt gewesen wäre. Denn, damit 144000 Billionen Menschen auf der Erd-Oberfläche Platz hätten, müssten auf jedem Quadratdecimeter 2 bis 3 Menschen stehen, was unmöglich ist. Wir sehen also, dass in unserer Schlussweise ein Fehler stecken muss. Man erkennt denselben, wenn man an die wenn auch nicht immer nachweisbare Verwandtschaft der Menschen unter ein-

ander denkt. Zwar hat ein Mensch gewöhnlich noch 8 Urgrosseltern. Ob er aber 16 verschiedene Ururgrosseltern gehabt hat, wird schon zweifelhafter, da durch Heirat von Verwandten die Zahl 16 auf 14 oder noch weniger herabsinken kann. So weitergehend gelangt man dazu, dass es schon sehr unwahrscheinlich wird, dass irgend ein Mensch 2^{20} verschiedene Ahnen zwanzigsten Ranges hat. Die Zahl der Ahnen ist also nicht immer zu verdoppeln, wenn man um einen Rang zurückgeht. Jedenfalls können vor 1900 Jahren nicht mehr Ahnen von A gelebt haben, als auf der Erde Menschen existierten, und da dies sicherlich nicht über 2000 Millionen waren, so folgt schon hieraus, dass innerhalb der 1900 Jahre sehr oft unter den Ahnen von A Heiraten von Personen stattgefunden haben müssen, die, wenn auch nicht nachweisbar, mit einander verwandt waren.

5. Da die Zinzeszins-Rechnung auf geometrischen Progressionen beruht, so gelangt man auch zu sehr grossen Zahlen, wenn man voraussetzt, dass während eines langen Zeitraums ein Kapital durch Zinzeszins sich vermehrt. Am bekanntesten ist hierfür das Beispiel des zur Zeit von Christi Geburt auf Zinzeszins gelegten Pfennigs. Dass man zu einer ungeheuren Goldsumme gelangt, wenn man sich die Verzinsung mehrere Jahrhunderte hindurch fortgesetzt denkt, kann man schon aus der folgenden Betrachtung entnehmen. Wenn man $4\frac{7}{10}$ Prozent rechnet, so ergiebt sich, dass ein Kapital sich in hundert Jahren verhundertfacht, was leicht im Gedächtnis zu behalten ist. Also wird in 200 Jahren aus einem Pfennig 100 Mark, in 300 Jahren 100^2 Mark,

in 400 Jahren 100^8 Mark u. s. w., also in 1900 Jahren 100^{18} Mark, d. h. eine Sextillion Mark, d. h. zweihundertmillionen mal soviel Mark, als die Zahl, die angiebt, wieviel Gramm die Erde wiegt. Rechnet man genau 4 Prozent und nur 1875 Jahre für den Zeitraum, während dessen ein Pfennig durch Zinzeszins anwachsen soll, so erhält man als schliesslich entstandenes Kapital:

865 986 Quadrillionen
und 626 476 Trillionen
und 236 508 Billionen
und 270 156 Millionen
und 786 660 Mark und 24 Pfennige.

Um eine ungefähre Vorstellung von der Grösse dieser Summe zu haben, denke man sich, dass die ganze Masse unsrer Erde aus Gold bestände, das den Feingehalt der deutschen Zwanzigmark-Stücke hätte. Dann würden 84 solcher goldenen Erdkugeln den Wert der soeben genannten Geldsumme darstellen. Rechnet man 5 Prozent statt 4 Prozent, so gelangt man zu einer noch viel grösseren Geldsumme. Um den Wert derselben darzustellen, wären sogar 5191 Millionen von solchen goldenen Erdkugeln erforderlich.

6. Wenn umgekehrt die Summe einer geometrischen Reihe, deren konstanter Quotient 1 übersteigt, gegeben ist, so überschätzen wir meist die daraus folgende Anzahl der Glieder. Hierfür das folgende Beispiel. Um 9 Uhr morgens werde ein Mord entdeckt. Der Entdecker teile die Nachricht darüber innerhalb der Viertelstunde zwischen 9 und $9\frac{1}{4}$ Uhr drei Personen

mit. Wir wollen weiter annehmen, dass jede dieser drei Personen innerhalb der nächsten Viertelstunde drei neuen Personen die Nachricht mitteilt, und dass dies so fortgesetzt werden könnte, indem jeder, der die Nachricht gehört hat, immer in einer Viertelstunde drei Personen findet, denen die Nachricht noch neu ist, und die sie nun von ihm erfahren. Wenn es möglich wäre, dass die Nachricht an jeden von den 1500 bis 1700 Millionen die Erde bewohnenden Menschen nur auf die angegebene Weise gelangen könnte, so würde schon am selben Tage nachmittags $1\frac{3}{4}$ Uhr jeder Erdbewohner die Nachricht erfahren haben. Denn nach 19 Viertelstunden haben die Nachricht soviel Menschen erhalten, wie die Summe der folgenden Reihe angiebt:

$$1 + 3 + 3^2 + \ldots . 3^{19}.$$

Die Summe dieser Reihe ist aber $\frac{1}{2}(3^{20} - 1)$ oder

1743 Millionen 392200,

also mehr als 1700 Millionen.

7. Die Methoden, welche dazu dienen, die Lichtstärke zu messen, haben ergeben, dass die Wirkung des Sonnenlichtes auf der Erde ebenso gross ist, wie die Wirkung von 60000 Stearinkerzen auf einen Punkt ist, der nur 1 Meter Abstand hat. Da man nun weiss, dass die Lichtwirkung umgekehrt proportional dem Quadrate der Entfernung stattfindet, so kann man berechnen, wieviel Stearinkerzen dort, wo die Sonne sich befindet, brennen müssten, damit ihre Wirkung auf der Erde dieselbe wäre, wie die der Sonne. Es ergiebt sich

ungefähr die Zahl von

1350 Quadrillionen

Kerzen. Da die Erde aber nur 5 Quadrillionen Kilo wiegt, so würde die Erde, auch wenn sie nur aus Stearin bestände, nicht ausreichen, um die genannte Anzahl von Stearinkerzen herzustellen.

8. Im Zeitalter der Bakterien ist es wohl auch interessant, zu erfahren, wieviel Bakterien höchstens auf der Erde Platz haben. Wir denken uns zu diesem Ende die Umgebung der Erdrinde als einen Kugelring, dessen äussere Kugel 869 Meilen Radius hat, während die innere Kugel nur 860 Meilen Radius hat. Für das Volumen dieses Kugelringes ergeben sich 35 300 Quadrillionen Kubikmillimeter. Nehmen wir nun an, dass durchschnittlich in jedem Kubikmillimeter eine Million Bakterien hausen, so ergiebt sich, dass unmöglich mehr als 35 300 Quintillionen Bakterien auf der Erde existieren können.

9. Um eine Vorstellung davon zu haben, eine wie grosse Genauigkeit eine Zahl veranlasst, von der man hundert oder noch mehr Dezimalstellen kennt, betrachten wir das folgende Beispiel. Die Zahl π, welche angiebt, wieviel mal so gross der Umfang eines Kreises ist, als sein Durchmesser, ist etwas grösser als 3 und lautet auf sechs Dezimalstellen:

$$3{,}141592\ldots,$$

was bedeutet, dass π grösser als 3,141592, aber kleiner als 3,141593 ist. Da die Zahl π irrational ist, so ist es unmöglich, sie in Dezimalstellen genau anzugeben.

Wohl aber verzehnfacht sich die Genauigkeit durch jede weitere Dezimalstelle. Obgleich nun die Berücksichtigung von 7 bis 10 Dezimalstellen für alle Anwendungen vollkommen ausreicht, so hat man doch die Zahl π jetzt auf mehr als 500 Dezimalstellen berechnet. Um zu zeigen, welch einen Grad von Genauigkeit auch nur hundert Dezimalstellen darstellen, diene das folgende Beispiel. Der Sirius ist 83 Millionen mal Millionen Meilen von uns entfernt. Durch ihn denken wir uns um das Centrum der Erde eine Kugel gelegt, und diese ungeheure Kugel so von Bakterien angefüllt, dass auf jedes Kubikmillimeter Millionen mal Millionen Bakterien kommen. Die Zahl der in dieser Weise jene Kugel füllenden Bakterien wird dann mit 74 Ziffern geschrieben. Dann denken wir uns diese Bakterien ausgepackt und auf eine gerade Linie gelegt, so dass immer zwei aufeinanderfolgende Bakterien ebenso weit von einander entfernt sind, wie der Sirius von der Erde, also 83 Billionen Meilen. Auf diese Weise erhalten wir eine Strecke, die soviel Meilen lang ist, als das Produkt von 83 Billionen mit der 74ziffrigen Zahl der Bakterien beträgt. Diese Strecke sei der Durchmesser eines Kreises, dessen Umfang wir uns dann auf zweierlei Weise bestimmt denken, erstens durch wirkliche Ausmessung, zweitens dadurch, dass wir seinen Durchmesser mit π multiplizieren, wobei wir uns hundert Dezimalstellen von π berücksichtigt vorstellen wollen. Dann müssen die beiden für den Umfang jenes Kreises erhaltenen Resultate von einander abweichen, weil ja von der Zahl π nur hundert Dezimalstellen beim Multiplizieren berücksichtigt sind. Diese

Ungenauigkeit müsste sich nun äusserst bemerkbar machen, da der Kreis so ungeheuer gross ist. Trotzdem würde man finden, dass der Unterschied zwischen dem durch wirkliche Messung bestimmten Umfange und dem durch Multiplikation mit π auf hundert Stellen berechneten Umfange noch nicht den millionten Teil eines Millimeters betrüge.

10. Zum Schluss sei bemerkt, dass die Arithmetik uns gestattet, mit nur drei Ziffern eine Zahl zu schreiben, die viel grösser ist, als die Zahl, die man erhält, wenn man alle in diesem § bis jetzt erwähnten Zahlen mit einander multipliziert, das erhaltene Produkt mit einer Quadrillion multipliziert, dieses wieder mit einer Quadrillion und sofort, bis millionen mal eine solche Multiplikation mit einer Quadrillion stattgefunden hat. Viel grösser als die auf solche Weise entstehende Zahl ist die Zahl

$$9^{9^9}$$

Denn diese Zahl bedeutet das Produkt von 9^9 Faktoren, von denen jeder 9 ist. Nun ist $9^9 = 9.9.9.9.9.9.9.9.9$ $= 387$ Millionen 420489. So oft also, wie die zuletzt genannte Zahl angiebt, haben wir uns 9 als Faktor zu setzen, um zu der Zahl

$$9^{9^9}$$

zu gelangen. Da das menschliche Leben nicht ausreicht, um diese Zahl auszurechnen, so wird es genügen, wenn wir die Anzahl der Ziffern, mit denen sie geschrieben wird, angeben. Es sind dies jedenfalls mehr als 369 Millionen und 690000 Ziffern, aber weniger als 369 Millionen und 3700000 Ziffern. Wollte man die Zahl schreiben, so würde man dazu eine Länge von 18484½ bis 18485 Kilometer nötig haben, wenn man die Ziffern so eng nebeneinander schreibt, dass 20 auf ein Dezimeter gehen.

§ 5.

Erraten der Augensumme verdeckt liegender Karten.

Auf einer einfachen arithmetischen Umformung beruht das sehr verbreitete Karten-Kunststück, bei welchem die Summe der Werte verdeckt liegender Karten erraten wird. Meist wird dasselbe bei 32 Karten in folgender Weise ausgeführt. Man bittet jemand, er möchte sich drei beliebige Karten auswählen, dieselben verdeckt als unterste Karten von drei zu bildenden Häufchen hinlegen, dann von dem Werte jeder dieser Karten an weiterzählen bis 11 und für jede beim Weiterzählen ausgesprochene Zahl eine Karte hinzulegen. Darauf lässt man sich die übrig gebliebenen Karten geben und kann aus der Anzahl derselben entnehmen, wie gross die Wertsumme der zu Anfang ausgewählten drei untersten Karten der entstandenen drei Häufchen ist. Man hat nämlich in diesem Falle 4 zu der Anzahl der empfangenen übrig gebliebenen Karten zu addieren. Dann erhält man die Wertsumme. Es möge ein Ass den Wert 11, ein König den Wert 4, eine Dame den Wert 3, eine Bube den Wert 2, eine Zehn, Neun, Acht, Sieben beziehungsweise die Werte 10, 9, 8, 7 haben. Angenommen nun, jemand habe König, Acht, Ass als unterste Karten ausgewählt. Dann hat er beim ersten Haufen den König mit 4 zu bezeichnen, dann weiterzuzählen von 5 bis 11, also 7 Karten hinzuzulegen. Ebenso hat er auf die Acht noch 3 Karten zu legen, um auf die Grenze 11 zu kommen. Bei dem Ass aber hat er keine Karte hinzuzulegen, weil dasselbe schon 11 gilt. Demnach hat er im ersten Haufen 8 Karten, im zweiten 4, im dritten 1 Karte. Er hat also abzuliefern 32 weniger $8 + 4 + 1$ oder 19 Karten. 19 plus 4 giebt 23. Also muss die Wertsumme 23 sein. In der That ist $4 + 8 + 11 = 23$.

Wenn zweitens 52 Karten vorhanden sind, jedes der 4 Asse 11, jedes der 12 Bilder 10 und sonst jede Karte soviel gelten soll, wie Augen auf ihr sind, wenn ferner wiederum 3 Häufchen gebildet werden sollen und dabei bis 18 gezählt werden soll, so hat man zur Anzahl der empfangenen übrig gebliebenen Karten 5 hinzuzuzählen, um die Wertsumme der untersten Karten der drei Häufchen zu erhalten. Beispielsweise mögen unten eine Fünf, eine Zehn und ein König gelegt sein. Dann müssen auf die Fünf noch 13, auf die Zehn noch 8, auf den König, der ja Zehn gelten soll, auch noch 8 Karten hinzugelegt werden, so dass im ersten Haufen 14, im zweiten 9, im dritten 9 Karten liegen. Also sind zur Bildung der drei Haufen 32 Karten verbraucht. Demnach werden 20 Karten zurückgegeben. Zu dieser Anzahl addiert man 5 und erhält dadurch die richtige Wertsumme 25, die sich aus 5 und 10 und 10 zusammensetzt.

Man erkennt sofort, dass es bei diesem Kunststück ganz gleichgültig ist, welcher Wert jeder Karte erteilt wird, und dass die Zahl, die man zur Anzahl der zurück erhaltenen Karten addieren muss, um die Wertsumme der unten liegenden Karten zu bekommen, nur von der Anzahl n der Karten, der Anzahl h der zu bildenden Häufchen und der Summe z der Grenz-Zahlen abhängt, bis zu welchem man bei den h Haufen zählen soll. Es ist nicht schwer, diese Abhängigkeit durch eine Formel auszudrücken. Für jeden der h Haufen möge $a_1, a_2, a_3, \ldots a_h$ den Wert der untersten Karte bezeichnen, ferner $b_1, b_2, \ldots b_h$ die zu jedem Haufen verbrauchten Karten, endlich $z_1, z_2, \ldots z_h$ die Grenzzahl, bis zu welcher bei jedem Haufen gezählt werden soll. Dann ist:

$$a_1 + b_1 = z_1 + 1;$$
$$a_2 + b_2 = z_2 + 1;$$
$$\vdots$$
$$a_h + b_h = z_h + 1.$$

Addiert man diese h Gleichungen, so erhält man, wenn $a_1 + a_2 + \ldots + a_h = a$, $b_1 + b_2 + \ldots + b_h = b$, $z_1 + z_2 + \ldots + z_h = z$ gesetzt wird:

$$a + b = z + h.$$

Nun ist aber die Gesamtzahl b der verbrauchten Karten gleich dem Überschuss der Anzahl n aller vorhandenen Karten über den zu empfangenden Rest r, also gleich $n - r$. Daher kommt

$$a + n - r = z + h$$

oder:

$$a = z + h + r - n.$$

Im ersten der obigen Beispiele war $n = 32$, $h = 3$, z gleich 3 mal $11 = 33$, also ist nach der soeben abgeleiteten Formel:

$$a = r + 4.$$

Im zweiten der obigen Beispiele war $n = 52$, $h = 3$, z gleich 3 mal 18 oder 54. Also ergiebt sich:

$$a = r + 5.$$

Da es wünschenswert ist, dass die Karten zur Bildung der Häufchen ausreichen und dass mindestens eine Karte übrig bleibt, muss $z < n$ sein. Ferner darf der höchste einer Karte erteilte Wert natürlich nicht grösser sein, als die grösste der Grenzzahlen z_1, z_2, ... z_h. Dadurch sind für die Grenzzahlen Bedingungen für ihre Grösse gegeben, die wir für den Fall, dass $z_1 = z_2 = \ldots = z$, also $z = h \cdot z_1$ ist, und dass der niedrigste Wert einer Karte 1, der höchste Wert 11 beträgt, aufstellen wollen. Damit mindestens eine Karte übrig bleibt, muss $hz_1 < n$ sein, und, damit die gemeinsame Grenzzahl z_1 vom höchsten Wert 11 nicht übertroffen wird, muss auch $z_1 \geqq 11$. Also ist die Grenzbedingung für z_1 die folgende:

$$11 \leqq z_1 < \frac{n}{h}.$$

Hieraus folgt z. B., dass bei 32 Karten und 3 Häufchen z_1 nur 11 sein kann, wenn die gestellten Bedingungen erfüllt bleiben sollen. Bei 52 Karten und 4 Häufchen dürfte z_1 die Werte 11 und 12 haben. Man beachte, dass die Anzahl n der Karten ganz beliebig sein darf, und dass dieselben auch kein volles Spiel zu bilden brauchen, sondern ganz beliebige Karten sein dürfen. Man wird daher, um in dieses Kunststück Abwechselung hineinzubringen, recht viel beliebige Karten nehmen, um recht viel Haufen bilden zu können. Hat man z. B. 100 Karten zur Verfügung, so könnte man bis zu neun Haufen bilden lassen, wie die obige Grenzbedingung zeigt. Aus ihr folgt $z_1 = 11$ für $n = 100$ und $h = 9$.

§ 6.

Umfüllungs-Aufgaben.

Die Aufgaben, die wir hier behandeln, finden sich seit Bachets*) klassischem Buche nicht allein in allerhand Büchern, die arithmetische Belustigungen enthalten, sondern auch in Kalendern, Kinderbüchern und neuerdings auch in Unterhaltungsblättern und Provinzialzeitungen. Diese Aufgaben setzen voraus, dass nur eine beschränkte Anzahl von Gefässen zur Verfügung steht und dass jedes dieser Gefässe eine bestimmte Anzahl von Litern fasst, ohne etwa durch Teilstriche erkennen zu lassen, der wievielte Teil des Gefässes gefüllt ist. Mit Hilfe solcher Gefässe soll dann durch wiederholtes Umgiessen schliesslich eine vorgeschriebene Anzahl von Litern in das eine oder in das andere Gefäss hineinkommen. Als Flüssigkeit ist meist Milch oder Wein gewählt. Gewöhnlich wird bei diesen Aufgaben vorausgesetzt, dass nur drei verschieden grosse

*) Vor Bachet behandelte das Problem Tartalea im Anfang des 16. Jahrhunderts. Im Jahre 1803 zog Ozanam dieses Problem wieder ans Tageslicht.

Gefässe vorhanden sind, dass das grösste dieser Gefässe vollkommen gefüllt ist, dass die beiden andern aber ganz leer sind, und dass nun eine Halbierung der im grössten Gefässe befindlichen Flüssigkeit stattfinden soll, indem nach wiederholtem Umgiessen das grösste Gefäss die eine Hälfte, das zweitgrösste die andere Hälfte der Flüssigkeit enthält. Bei Bachet (1612) hat die Aufgabe die folgende Fassung: „Zwei Freunde haben sich 8 Mass Wein zu teilen, sie besitzen denselben in einem 8 Mass fassenden Gefässe, haben aber ausserdem nur noch zwei leere Gefässe, von denen das eine 5 Mass, das andere 3 Mass fasst. Wie können sie den Wein in genau gleiche Teile teilen, indem sie sich einzig und allein der drei Gefässe bedienen?" Zu dieser Aufgabe giebt Bachet zwei Lösungen, welche, wenn wir Liter statt Mass sagen, folgendermassen lauten:

1. Man giesse den Wein in das 5 Liter fassende Gefäss, bis dasselbe voll ist; dann giesse man aus diesem Gefäss so lange in das 3 Liter haltende Gefäss, bis letzteres voll ist, so dass in dem zweitgrössten Gefässe zwei Liter übrig geblieben sind. Nun giesse man den Inhalt des kleinsten Gefässes in das grösste, so dass dasselbe nunmehr 6 Liter enthält. Dann giesse man die in dem zweitgrössten Gefässe zurückgebliebenen 2 Liter in das jetzt leere kleinste Gefäss. Darauf fülle man das zweitgrösste Gefäss, indem man aus dem grössten Gefäss soviel abgiesst, bis das zweite ganz gefüllt ist, so dass nunmehr die drei Gefässe, der Reihe nach, 1, 5, 2 Liter enthalten. Jetzt entleere man das zweite Gefäss soweit, dass das kleinste Gefäss voll

wird. Dann sind im zweiten Gefäss 4 Liter zurückgeblieben. Man hat also nur noch die im kleinsten Gefäss vorhandenen 3 Liter in das grösste zu giessen, um zu erreichen, dass die 8 Liter halbiert sind.

2. Bei der zweiten von Bachet gegebenen Lösung giesst man zuerst in das 3 Liter haltende Gefäss, bis dasselbe voll ist, darauf die so erhaltenen drei Liter in das mittelgrosse Gefäss. Nun füllt man wiederum das kleinste Gefäss, indem man aus dem grössten ausgiesst, so dass im grössten 2 Liter zurückbleiben. Nun giesst man aus dem kleinsten so lange in das zweitgrösste, bis dieses voll ist, und dann den ganzen Inhalt desselben in das grösste Gefäss, das nun 7 Liter enthalten muss, während im kleinsten 1 Liter vorhanden ist. Dieses giesst man nun in das mittelgrosse Gefäss. Endlich füllt man aus dem grössten Gefäss in das kleinste, bis dieses voll ist, so dass im grössten 4 Liter enthalten sein müssen, und die Aufgabe also gelöst ist, wenn man noch die im kleinsten Gefäss enthaltenen 3 Liter in das mittelgrosse Gefäss übergiesst.

Man kann diese Lösungen übersichtlicher und kürzer darstellen, wenn man den drei Gefässen drei Kolumnen zuordnet und nacheinander in die Zeilen dieser Kolumnen die Zahlen schreibt, welche angeben, wieviel Liter nach jedem Umfüllen in den Gefässen enthalten sind. Diese kürzere Darstellungsweise wollen wir auch im Folgenden immer beibehalten. Ferner wollen wir die drei Gefässe mit A, B, C bezeichnen, so dass A das grösste, B das zweitgrösste, C das drittgrösste bezeichnet. Die Zahl der Liter, die jedes Gefäss überhaupt fassen kann, setzen wir in Klammern unter A, B, C. So

1.

A (8)	B (5)	C (3)
8	0	0
3	5	0
3	2	3
6	2	0
6	0	2
1	5	2
1	4	3
4	4	0

2.

A (8)	B (5)	C (3)
8	0	0
5	0	3
5	3	0
2	3	3
2	5	1
7	0	1
7	1	0
4	1	3
4	4	0

gewinnen die beiden oben auseinandergesetzten Lösungen die nebenstehende übersichtliche Gestalt.

Man kann das Bachetsche Umfüllungs-Problem in dreierlei Richtungen verallgemeinern:

1. dahin, dass man statt der Zahlen (8), (5), (3) beliebig gewählte andere Zahlen setzt, welche angeben sollen, wieviel Liter die drei Gefässe A, B, C fassen sollen;

2. dahin, dass man als Ziel nicht allein die Halbierung, sondern die Erreichung jeder möglichen Literzahl betrachtet;

3. dahin, dass man mehr als drei Gefässe als zur Verfügung stehend voraussetzt.

Da die dritte Erweiterungsrichtung weniger Interesse bietet, weil die Auffindung einer Lösung dadurch zu sehr erleichtert wird und die Anzahl der denkbaren Lösungen zu gross wird, so wollen wir diese Erweiterung des Problems nicht eingehender behandeln, sondern nur ein Beispiel geben, das wir den „Mathematical Recreations" von Ball entnehmen. Das Gefäss A sei voll und enthalte 24 Liter, die Gefässe B, C, D, die leer sind, mögen 13, 11 und 5 Liter fassen. Man soll die 24 Liter durch Umgiessen in drei gleiche Teile teilen. Eine sehr kurze Lösung des Problems ist folgende:

A	B	C	D
(24)	(13)	(11)	(5)
24	0	0	0
13	0	11	0
8	0	11	5
0	8	11	5
11	8	0	5
16	8	0	0
16	0	8	0
3	13	8	0
3	8	8	5
8	8	8	0

Obwohl Ball in seinem Buche die Ansicht ausspricht, dass solche Umfüllungsaufgaben nur durch Versuche, nicht aber mathematisch gelöst werden können, so versuchte der Verfasser dennoch in seinen in der Naturw. Wochenschr. erschienenen Artikeln über mathematische Spielereien (1891—94) eine kritische Behandlung der Umfüllungs-Probleme bezüglich der beiden ersten der oben genannten drei Verallgemeinerungs-Richtungen. Die Zahlen für die von A, B, C gefassten Liter mögen beziehungsweise a, b, c heissen. Zuerst sieht man leicht ein, dass bei dem Umfüllen immer nur zweierlei stattfinden kann. Entweder man macht das Gefäss, aus dem man giesst, ganz l e e r oder man macht das Gefäss, i n das man giesst, ganz v o l l. Daher kann es, wie oft man auch umgiessen mag, niemals vorkommen, dass keins der Gefässe ganz leer und zugleich auch keins ganz voll ist. Wenn also bei unsrer tabellarischen Darstellung der Ergebnisse der aufeinanderfolgenden Umfüllungen in einer Reihe keine 0 vorkommt, so muss notwendig entweder die zweite Zahl derselben Reihe gleich b oder die dritte Zahl dieser Reihe gleich c sein. Dass die erste Zahl gleich a ist, konnte ausgelassen werden, weil immer vorausgesetzt wird, dass überhaupt nur a Liter der Flüssigkeit vorhanden sind. Wenn man nun auf alle möglichen Literzahlen von 1 bis a durch das Umfüllen kommen soll, so muss man bei der Reihenfolge der Umfüllungen darauf achten, dass man niemals auf eine Zahlengruppe stösst, die mit einer schon dagewesenen übereinstimmt, weil ja dann die Umfüllungen dieser Gruppe sich als ganz unnötig erweisen. Insbesondere hat man bei der Auffindung einer Methode, die alle möglichen Zahlen liefert, noch darauf zu achten, dass man möglichst spät auf die Anfangsgruppe a, 0, 0 zurückgelangt. Methoden, welche diese Bedingung erfüllen, lassen sich mehrere finden. Eine derselben besteht aus folgenden Vorschriften: „Man giesse aus A in C, bis C voll ist, dann den Inhalt von C in B, darauf wieder aus A in C, bis C voll ist, und auch wieder den Inhalt von C in B. So fahre man fort, bis B ganz voll ist. Darauf fülle man den Inhalt von B in A, und wenn in C ein Rest geblieben ist, diesen in B. Jetzt wiederhole man das anfängliche Verfahren, und zwar wiederum so lange, bis B voll ist. Dann giesse man den Inhalt von B wieder in A, und, wenn in C ein Rest geblieben ist, diesen in B. Wenn man dieses Verfahren immer weiter fortsetzt, so gelangt man schliesslich zur Anfangsgruppe zurück, und man hat alle Literzahlen erreicht, die möglich sind. Es fragt sich jedoch, ob auch immer in A so viel Flüssigkeit ist, dass C ganz gefüllt werden kann. A ist jedenfalls am leersten, wenn in B b Liter sind. Dann aber soll man ja aus B in A füllen. Sind aber in B nur $b - 1$ Liter, und ist C noch leer, so fragt es sich, ob in A noch so viel Flüssigkeit ist, dass C ganz gefüllt werden kann. Da aber alle Flüssigkeit zusammen unverändert a Liter betragen muss, so müsste in A $a - b + 1$ Liter sein. Dies darf also nicht kleiner als c sein, d. h. in arithmetischer Zeichensprache:

$$a \geqq b + c - 1.$$

Wenn diese Bedingung erfüllt ist, führt unser Verfahren also dazu, dass in B sämtliche Zahlen von 1 bis b vorkommen. Nur, wenn b und c einen gemeinsamen Teiler haben, können nicht alle Zahlen erscheinen, sondern natürlich nur diejenigen, welche ebenfalls diesen Teiler haben. Wir haben daher bis jetzt zwei Bedingungen gefunden, erstens, dass b und c keinen gemeinsamen Teiler haben, zweitens, dass a nicht kleiner als $b + c - 1$ ist. Diesen Bedingungen entsprechen die nachher folgenden sieben Beispiele sämtlich. Man bemerke bei diesen Beispielen dann aber auch, dass, wenn C leer ist und in B y Liter sind, in A $a - y$ Liter sein müssen, so dass in A alle Zahlen, die grösser als b sind, vorkommen müssen, wenn nur $a - b \leqq b + 1$, d. h. $a \leqq 2b + 1$. Ist aber diese dritte Bedingung nicht erfüllt, also a noch grösser als das um 1 vermehrte Doppelte von b, so kommen naturgemäss in A die Zahlen nicht vor, die grösser als b, aber kleiner als a — b sind, dies immer in dem Falle, dass C leer ist. Nun kann man aber, wenn C leer ist, C aus A füllen, woraus man erkennt, dass nur dann Zahlen ausfallen müssen, wenn $a - b - c \leqq b + 1$ ist, d. h., wenn $a \leqq 2b + c + 1$ ist. Damit haben wir folgendes Resultat gefunden:

Die oben angegebene Umfüllungs-Methode führt zu sämtlichen Zahlen von 1 bis a, wenn b und c keinen gemeinsamen Teiler haben, und wenn ausserdem die folgende Bedingungs-Ungleichung erfüllt wird:

$$b + c - 1 \leqq a \leqq 2b + c + 1.$$

Unter den sieben Beispielen erfüllen sämtliche die Bedingung, dass b und c keinen gemeinsamen Teiler haben, und auch die Bedingung $b + c - 1 \leqq a$. Die dritte Bedingung $a \leqq 2b + c + 1$ wird aber nur von No. 1, 2, 3, 4, nicht aber von No. 5, 6, 7 erfüllt, wodurch es kommt, dass in diesen letzten Beispielen gewisse Zahlen fehlen müssen.

No. 1.

A (13)	B (9)	C (5)
13	0	0
8	0	5
8	5	0
3	5	5
3	9	1

12	0	1
12	1	0
7	1	5
7	6	0
2	6	5
2	9	2

11	0	2
11	2	0
6	2	5
6	7	0
1	7	5
1	9	3

10	0	3
10	3	0
5	3	5
5	8	0
0	8	5
0	9	4

9	0	4
9	4	0
4	4	5
4	9	0
13	0	0

No. 2.

A	B	C
(15)	(7)	(3)
15	0	0
12	0	3
12	3	0
9	3	3

9	6	0
6	6	3
6	7	2
13	0	2

13	2	0
10	2	3
10	5	0
7	5	3

7	7	1
14	0	1
14	1	0
11	1	3

11	4	0
8	4	3
8	7	0
15	0	0

No. 3.

A	B	C
(24)	(17)	(7)
24	0	0
17	0	7
17	7	0
10	7	7
10	14	0
3	14	7
3	17	4
20	0	4
20	4	0
13	4	7
13	11	0
6	11	7
6	17	1
23	0	1
23	1	0
16	1	7
16	8	0
9	8	7
9	15	0
2	15	7
2	17	5
19	0	5
19	5	0
12	5	7
12	12	0
5	12	7
5	17	2
22	0	2
22	2	0
15	2	7
15	9	0
8	9	7
8	16	0
1	16	7
1	17	6
18	0	6
18	6	0
11	6	7
11	13	0
4	13	7
4	17	3
21	0	3
21	3	0
14	3	7
14	10	0
7	10	7
7	17	0
24	0	0

Nr. 4.

A	B	C
(20)	(11)	(10)
20	0	0
10	0	10
10	10	0
0	10	10
0	11	9
11	0	9
11	9	0
1	9	10
1	11	8
12	0	8
12	8	0
2	8	10
2	11	7
13	0	7
13	7	0
3	7	10
3	11	6
14	0	6
14	6	0
4	6	10
4	11	5
15	0	5
15	5	0
5	5	10
5	11	4
16	0	4
16	4	0
6	4	10
6	11	3
17	0	3
17	3	0
7	3	10
7	11	2
18	0	2
18	2	0
8	2	10
8	11	1
19	0	1
19	1	0
9	1	10
9	11	0
20	0	0

No. 5.

A	B	C
(33)	(11)	(8)
33	0	0
25	0	8
25	8	0
17	8	8
17	11	5
28	0	5

28	5	0
20	5	8
20	11	2
31	0	2
31	2	0
23	2	8
23	10	0
15	10	8

15	11	7
26	0	7
26	7	0
18	7	8
18	11	4
29	0	4
29	4	0
21	4	8

21	11	1
32	0	1
32	1	0
24	1	8
24	9	0
16	9	8
16	11	6
27	0	6

27	6	0
19	6	8
19	11	3
30	0	3
30	3	0
22	3	8
22	11	0
33	0	0

No. 6.

A	B	C
(50)	(9)	(2)
50	0	0
48	0	2
48	2	0

46	2	2
46	4	0
44	4	2
44	6	0
42	6	2

42	8	0
40	8	2
40	9	1
49	0	1
49	1	0

47	1	2
47	3	0
45	3	2
45	5	0
43	5	2

43	7	0
41	7	2
41	9	0
50	0	0

No. 7.

A	B	C
(31)	(12)	(5)
31	0	0
26	0	5
26	5	0
21	5	5
21	10	0
16	10	5

16	12	3
28	0	3
28	3	0
23	3	5
23	8	0
18	8	5
18	12	1

30	0	1
30	1	0
25	1	5
25	6	0
20	6	5
20	11	0
15	11	5

15	12	4
27	0	4
27	4	0
22	4	5
22	9	0
17	9	5
17	12	2

29	0	2
29	2	0
24	2	5
24	7	0
19	7	5
19	12	0
31	0	0

Man erkennt an diesen Beispielen, dass No. 1, 2, 3, 4 unter B alle Zahlen von 1 bis b und unter A alle Zahlen von b + 1 bis a enthalten, dass dagegen No. 5, 6, 7 diejenigen Zahlen nicht enthalten, die grösser als b und kleiner als a — b — c sind. Fügt man bei jedem der drei letzten Beispiele kurz vor dem Schluss noch die Umfüllung hinzu, durch welche B und C gleichzeitig ganz voll werden, so enthalten diese Beispiele alle Zahlen, die überhaupt erreichbar sind. So kommen in No. 7 unter B alle Zahlen von 1 bis 12, unter A alle Zahlen von 31 — 12 — 5 = 14 bis 31 vor, so dass also nur die Zahl 13 unerreichbar ist. Wenn man diese Umfüllungs-Methode näher prüft, so erkennt man, dass unter B, abgesehen von den wiederholt auftretenden Zahlen 0 und b, der Reihe nach, die Vielfachen der Zahl c von 1 mal c bis b mal c auftreten, wenn man jedes Vielfache immer, so oft es geht, um b vermindert, d. h. es kommen vor: die kleinsten Reste der Division x.c:b, wo x die Zahlen von 1 bis b durchläuft. In No. 3, wo $c = 7$, $b = 17$ ist, sind dies also die Zahlen:

7, 14, 4, 11, 1, 8, 15, 5, 12, 2, 9, 16, 6, 13, 3, 10.

Wir haben noch den in den vorigen Beispielen ausgeschlossenen Fall zu prüfen, wo $a < b + c - 1$ ist. In diesem Falle lassen sich unter B nicht alle Zahlen von 1 bis b erreichen. Man findet aber unter B alle überhaupt erreichbaren Zahlen, wenn man die oben beschriebene Methode auch hier anwendet und so lange fortsetzt, bis man auf eine Zahl stösst, die grösser als $a - c$ ist. Die sonst noch erreichbaren Zahlen ergeben sich unter A, wenn man die unter B erlangten Zahlen von a abzieht, und wenn man aus dem Gefässe A die andern Gefässe füllt. Ist z. B. $a = 20$, $b = 13$, $c = 9$, so ist a kleiner als $b + c - 1$, wenn auch nur um 1. Hier erscheinen unter B bei Befolgung unsrer Methode ausser 0 und 13 die Vielfachen von 9, jedes so oft wie möglich um 13 vermindert, also die Zahlen

9, 5, 1, 10, 6, 2, 11, 7, 3, 12.

Schon hier bei 12 bricht aber die Reihe ab, da die arithmetisch noch folgenden Zahlen 8 und 4 beim Umfüllen unter B nicht erscheinen können, da, wenn in B 12 Liter sind und C leer ist, in A nur 8 Liter sein können, welche Quantität nicht genügt, um C ganz zu füllen. Da aber unter A die Zahlen erscheinen müssen, welche entstehen, wenn man die Zahlen der obigen Reihe von 20 oder von 20—9 abzieht, so kommen dennoch die Zahlen 8 und 4 vor, aber nicht unter B, sondern unter A als 20 — 12 bezw. 20 — 9 — 7. Ebenso entstehen auch alle Zahlen zwischen 20 und 13, mit einziger Ausnahme der Zahl 16, die auf keinerlei Weise erreichbar ist.

Als zweites Beispiel nehmen wir a = 16, b = 12, c = 7. Hier erscheinen unter B ausser 0 und 12 nur die Zahlen 7, 2, 9, 4, 11, unter A ausser 0 und 16 nur die Zahlen 16 — 7 = 9, 16 — 2 = 14, 16 — 9 = 7, 16 — 4 = 12, 16 — 11 = 5, sowie auch 16 — 7 — 7 = 2, 16 — 7 — 2 = 7, 16 — 7 — 9 = 0, 16 — 7 — 4 = 5. Unter C erscheinen ausser 0 und 7 nur die Zahlen 2 . 7 — 12 = 2, 4 . 7 — 2 . 12 = 4, so dass schliesslich die Zahlen 1, 3, 6, 8, 10, 13, 15 unerreichbar bleiben.

Es fragt sich nun, ob nicht vielleicht andere Methoden der Umfüllung denkbar sind, die dann vielleicht auch zu denjenigen Liter-Zahlen führen, die nach der bisher befolgten Methode unerreichbar waren. Eine nähere Untersuchung zeigt, dass in der That noch eine zweite Methode existiert, dass aber diese zu keinen anderen Ergebnissen führt wie die erste Methode und dass insbesondere die erreichbaren sowohl wie die unerreichbaren Zahlen bei beiden Methoden übereinstimmen, nur mit dem Unterschiede, dass die erreichbaren Zahlen in umgekehrter Reihenfolge erscheinen. Namentlich zeigt sich auch, dass diese zweite Methode, wenn sie zu allen Zahlen von 1 bis a führen soll, dieselbe Bedingungs-Ungleichung

$$b + c - 1 \overline{\gtrless} a \overline{\gtrless} 2b + c + 1$$

ergiebt, wie die erste Methode. Diese zweite Methode lautet folgendermassen:

Man giesse aus A in B, bis B voll ist, dann aus B in C, bis C voll ist, dann den Inhalt von C in A, dann nochmal aus B in C, bis C voll ist, dann aus dem vollen C in A und wiederhole dies so lange, bis es nicht mehr gelingt, C aus B ganz zu füllen. Darauf giesse man trotzdem diesen Rest in C, so dass B leer wird. Nun fülle man von neuem aus A in B, bis B voll ist und wiederhole nun den eben beschriebenen Prozess, bis wiederum in B weniger als C ist. Dann giesse man diesen Rest wieder in C, fülle das leere B aus A, giesse aus B in C bis C voll ist, u. s. w. Hierzu folgendes Beispiel:

A	B	C
(16)	(11)	(6)
16	0	0
5	11	0
5	5	6
11	5	0
11	0	5
0	11	5
0	10	6
6	10	0
6	4	6
12	4	0
12	0	4
1	11	4
1	9	6
7	9	0
7	3	6
13	3	0
13	0	3
2	11	3
2	8	6
8	8	0

8	2	6
14	2	0
14	0	2
3	11	2
3	7	6
9	7	0
9	1	6

15	1	0
15	0	1
4	11	1
4	6	6
10	6	0
10	0	6
16	0	0

Man bemerke, dass, wenn die Bedingungs-Ungleichung über a erfüllt ist, die Reihenfolge der erreichten Zahlen-Tripel genau umgekehrt zu der bei der ersten Methode entstehenden Reihenfolge ist. Ist aber jene Bedingungs-Ungleichung nicht erfüllt, so wird es vorkommen, dass in A nicht hinreichend Flüssigkeit ist, um B ganz füllen zu können. Dann hat man es so weit wie möglich zu füllen und in der Befolgung der Methode fortzufahren. Das Ergebnis aber ist dann, dass gewisse Zahlen als unerreichbar ausgeschlossen bleiben könnten und zwar sind dies dann dieselben Zahlen, die auch bei der ersten Methode ausfallen mussten. Um dies zu verdeutlichen, behandeln wir noch ein Beispiel nach beiden Methoden. Es sei a = 16, b = 12, c = 7.

Erste Methode.

A (16)	B (12)	C (7)
16	0	0
9	0	7
9	7	0
2	7	7
2	12	2
14	0	2
14	2	0

7	2	7
7	9	0
0	9	7
0	12	4
12	0	4
12	4	0
5	4	7
5	11	0

Zweite Methode.

A (16)	B (12)	C (7)
16	0	0
4	12	0
4	5	7
11	5	0
11	0	5
0	11	5
0	9	7

7	9	0
7	2	7
14	2	0
14	0	2
2	12	2
2	7	7
9	7	0
9	0	7
16	0	0

Man sieht, dass bei beiden Methoden die Zahlen 1, 3, 6, 8, 10, 13, 15 ausfallen, alle andern Zahlen von 1 bis 16 aber erscheinen.

§ 7.

Neuner-Probe und Neuner-Kunststück.

Jede Zahl lässt, durch Neun dividiert, denselben Rest, wie wenn ihre Quersumme, d. h. die Summe aller ihrer Ziffern, durch Neun dividiert wird. Dies rührt daher, dass die Basis Zehn unsrer Zifferschrift, und deshalb auch ihre Potenzen Hundert, Tausend u. s. w., durch Neun dividiert, den Rest 1 lassen. Denn, wenn eine Zahl a Einer, b Zehner, c Hunderter, d Tausender u. s. w. hat, so lässt sie sich folgendermassen schreiben:

$$a + 10\,b + 100\,c + 1000\,d + \ldots,$$

und diese Summe lässt sich zerlegen in eine andere Summe, deren erster Addend $a + b + c + d + \ldots$, also die Quersumme der vorliegenden Zahl, ist, während der zweite Addend $9\,b + 99\,c + 999\,d + \ldots$ heisst, also eine durch 9 teilbare Zahl darstellt. Da dieser zweite Addend bei der Division durch Neun keinen Rest lässt, so muss der Rest, der bleibt, wenn man $a + 10\,b + 100\,c + 1000\,d + \ldots$ durch 9 dividiert, derselbe sein, wie wenn man die Quersumme $a + b$

$+ c + d + \ldots$ durch 9 dividiert. Mit Benutzung dieser Regel kann man auch bei vielziffrigen Zahlen sehr schnell den Neuner-Rest bestimmen. Man hat nur nach einander die Ziffern zu addieren und immer, sobald man dabei auf eine zweiziffrige Zahl stösst, wiederum deren Ziffersumme zu nehmen, wie folgendes Beispiel verdeutlicht:

Es sei zu der Zahl 74056892 der Neuner-Rest zu bestimmen, d. h. der Rest, der bleibt, wenn man diese Zahl durch 9 dividiert. Man rechnet dann so: $7 + 4 = 11$, d. h. $1 + 1 = 2$, $2 + 0 = 2$, $2 + 5 = 7$, $7 + 6 = 13$, d. h. $1 + 3 = 4$, $4 + 8 = 12$, d. h. $1 + 2 = 3$, $3 + 2 = 5$. Die Ziffer 9 konnte bei der Addition ausgelassen werden. Es ergiebt sich also der Neuner-Rest 5. Auf diese Weise findet man bei einiger Übung den Neuner-Rest einer Zahl viel schneller, als wenn man die Zahl wirklich durch Neun dividiert.

Auf dem Bestimmen des Neuner-Restes beruht die Neunerprobe, die in früheren Jahrhunderten beim Rechnen in den vier Species immer angewandt ist, jetzt aber ganz in Vergessenheit geraten ist, weil die Volksschullehrer sie auf den Seminaren nicht mehr lernen, was bei den Vorteilen, die die Neunerprobe bietet, sehr zu bedauern ist. Die Neunerprobe besteht darin, dass man, ausser mit den gegebenen Zahlen selbst, nebenbei auch ebenso mit ihren Neun-Resten rechnet. Dann muss das aus den Zahlen selbst gewonnene Resultat und das ebenso aus den Neun-Resten erhaltene Resultat denselben Neun-Rest haben. Stimmt dies nicht, so muss man einen Rechenfehler gemacht haben. Der Beweis der Richtigkeit der Neunerprobe geht aus folgendem hervor. Wenn eine Zahl n den Neuner-Rest r hat, so ist zu setzen:

$$n = 9a + r.$$

Wenn eine zweite Zahl n' den Neuner-Rest r' hat, so ist ferner:

$$n' = 9a' + r'.$$

Aus beiden Gleichungen erhält man aber durch Addition, Subtraktion und Multiplikation immer rechts eine Summe, deren erster Addend durch 9 teilbar ist, während der zweite Addend $r + r'$, $r - r'$, $r \cdot r'$ heisst. Damit ist die Neunerprobe für die drei ersten Grundrechnungsarten bewiesen. Wie bei der Division die Neunerprobe zu machen ist, zeigt folgendes Beispiel. Es sei 1048576 zu dividieren durch 8192. Man hat 128 erhalten und will zur Bestätigung des Resultats die Neunerprobe machen. Die Zahl 1048576 ergiebt den Neunrest 4, 8192 den Neunrest 2, $4 : 2 = 2$, also muss 2 der Neunrest von 128 sein, was stimmt. Dabei kann es kommen, dass die Division der Neunreste nicht aufgeht. Dann hat man beim Dividendus 9 so oft zu addieren, bis man eine Zahl erhält, durch die der Neunrest des Divisors teilbar ist. Z. B. sei 1872134 der Dividendus, 473 der Divisor. Die zugehörigen Neunreste sind 8 und 5. Da 8 durch 5 nicht aufgeht, so addiere man zu 8 die Zahl 9 so oft, bis eine durch 5 teilbare Zahl kommt. Man erhält 17, 26, 35. Die Zahl 35 ist durch 5 teilbar. Man erhält 7 als Quotient. Folglich muss auch das Resultat der Division von 1872134 durch 473 den Neunrest 7 haben. Da das Resultat der Division 3958 ist, und 3958 den Neunrest 7 hat, so stimmt die Neunerprobe. Namentlich erweist sich die Neunerprobe beim Multiplizieren von vielziffrigen Zahlen als wertvoll.

Auf dem Nehmen des Neunerrestes beruhen auch mehrere Zahlenkunststücke, von denen besonders das folgende überraschend wirkt. Man lasse jemand eine ganz beliebige vielziffrige Zahl hinschreiben. Man bitte ihn dann, eine Zahl darunter zu schreiben, die aus genau denselben Ziffern sich zusammensetzt, aber in ganz beliebiger andrer Anordnung. Dann lasse man die kleinere der beiden Zahlen von der grösseren subtrahieren und in der erhaltenen Differenz*) eine beliebige Ziffer, die nicht Null ist, ausstreichen. Die durch dieses Ausstreichen entstandene vielziffrige Zahl lasse man nochmal aufschreiben und sich zeigen. Dann kann man aus dieser Zahl bestimmen, welche Ziffer ausgestrichen wurde, ohne eine Ahnung davon zu haben, welche Zahl anfänglich aufgeschrieben war. Man hat nämlich von der Zahl, die einem gezeigt wird, den Neunerrest zu nehmen und denselben von 9 abzuziehen. Dann erhält man stets die ausgestrichene Ziffer. Es sei z. B. anfänglich die Zahl

4735892006

aufgeschrieben. Darunter werde dann geschrieben:

2004589673.

---

*) Wenn man will, kann man die Differenz auch erst noch mit einer ganz beliebigen Zahl multiplizieren lassen, und in dem erhaltenen Produkte eine beliebige Ziffer ausstreichen lassen.

Die Differenz beider Zahlen ergiebt:

2731302333.

Es werde dann, wollen wir annehmen, die Ziffer 1 ausgestrichen. Dann wird einem also die Zahl

273302333

gezeigt. Ihr Neuner-Rest ist 8. Also ist 9 — 8 = 1 die ausgestrichene Ziffer. Warum dies immer stimmen muss, erkennt man, wenn man daran denkt, dass der Minuendus und der Subtrahendus der Subtraktion dieselben Ziffern, also auch dieselbe Quersumme und deshalb denselben Neuner-Rest besitzen. Folglich muss ihre Differenz durch 9 teilbar sein, also muss die ausgestrichene Ziffer und der Neunrest der durch das Ausstreichen entstehenden Zahl die Summe 9 haben. Man hat also nur den Neunrest der Zahl, die einem gezeigt wird, von 9 zu subtrahieren, um die ausgestrichene Ziffer zu erhalten.

§ 8.

Würfel-Kunststücke.

Die Aufgabe, die Zahlen zu erraten, die gewürfelt werden, gehört in die Gruppe der in § 1 behandelten Aufgaben, sobald bei der Lösung derselben einzig und allein arithmetische Operationen benutzt werden, nicht aber auch die besondere Beschaffenheit eines Würfels. Die Würfel, wie sie seit einigen Jahrhunderten üblich sind, enthalten 6 Flächen, auf denen die sechs Zahlen von 1 bis 6, dargestellt durch 1 bis 6 Punkte, angebracht sind, aber immer derartig, dass zwei Zahlen, die zusammen 7 ergeben, auf zwei gegenüberliegenden, also einander parallelen Würfelflächen stehen. Wenn also bei einem Würfel die Zahl a oben liegt, und der Würfel umgekehrt wird, so erscheint die Zahl 7 — a oben. Auf dieser besonderen Beschaffenheit der Würfel beruhen mehrere Kunststücke, von denen wir hier nur zwei, die von verschiedener Natur sind, hervorheben:

1. Um zu raten, welche beiden Zahlen jemand mit zwei Würfeln geworfen hat, lasse man den ersten Würfel umkehren und sich die nun entstandene Augensumme sagen. Darauf lasse man auch den zweiten

Würfel umkehren und sich gleichfalls die dadurch erschienene Augensumme sagen. Die beiden Zahlen, die man gehört hat, addiere man, subtrahiere die Summe von 21 und halbiere den Rest. Dann erhält man die erste der beiden zu ratenden Zahlen. Ferner addiere man 7 zu der zuerst genannten Zahl und subtrahiere von der erhaltenen Summe die zu zweit genannte Zahl. Die Hälfte des Restes ergiebt die zweite zu ratende Zahl. Es sei z. B. geworfen:

Nach Umkehrung des ersten Würfels ist die Augensumme $2 + 4 = 6$. Nach darauf folgender Umkehrung des zweiten Würfels ist die Augensumme $2 + 3 = 5$. Die Zahlen 6 und 5, die man hört, addiert man. Dies giebt 11, 21 minus 11 ergiebt 10, wovon die Hälfte 5, die Zahl des ersten Würfels ist. Ferner ist $6 + 7 = 13$, $13 - 5 = 8$, also ist die Hälfte von 8, d. h. 4, die Zahl des zweiten Würfels.

2. Um einen Wurf von drei Würfeln zu raten, lasse man die drei Würfel nebeneinandersetzen. Dahinter lasse man noch drei Würfel setzen, die in derselben Reihenfolge denselben Wurf darstellen. Darauf lasse man die drei angesetzten Würfel umkehren, so dass nun 6 Würfel nebeneinanderstehen. Dieselben stellen eine sechsziffrige Zahl dar. Diese sechsziffrige Zahl lasse man erst durch 37 und den erhaltenen Quotienten noch durch 3 dividieren. Die Divisionen

müssen immer aufgehen. Was nach der Division durch 3 herauskommt, ist eine vierziffrige Zahl, die man sich sagen lässt. Von ihr subtrahiere man 7, den Rest dividiere man durch 9. Dadurch erhält man eine dreiziffrige Zahl, deren drei Ziffern den zu ratenden Wurf darstellen. Angenommen, es habe jemand

gewürfelt. Nachdem er dann drei Würfel, die denselben Wurf darstellen, dahintergesetzt hat, und dieselben umgekehrt hat, hat er das folgender Bild vor sich:

Diese 6 Würfel stellen die Zahl 263514 dar. Diese, durch 37 dividiert, ergiebt 7122, diese Zahl, durch 3 geteilt, giebt 2374. Die Zahl 2374 wird nun dem, der den Wurf erraten will, mitgeteilt. Man hat 7 abzuziehen und durch 9 zu dividieren. So erhält man erst 2367 und dann 263. Also sind die Augen zwei, sechs und drei geworfen. Warum dies immer stimmen muss, erkennt man aus Folgendem. Die durch den Wurf dargestellte dreiziffrige Zahl heisse a, dann wird die Zahl 777 — a dahintergesetzt, so dass die entstehende sechsziffrige Zahl heisst:

$$1000\,a + (777 - a).$$

Dies ist aber 999a + 777. Diese Zahl ergiebt nach der Division durch 37:

$$27a + 21,$$

also kommt nach der Division durch 3 die Zahl 9a + 7. Diese Zahl, die man hört, hat man also zunächst um 7 zu vermindern. Dann erhält man 9 . a, woraus man durch Division mit 9 die gesuchte Zahl a erhält.

§ 9.

Dominoketten.

Auf jedem Stein eines Dominospiels sind zwei Zahlen durch Punkte, also in natürlicher Zifferschrift dargestellt, wobei auch die Zahl 0, gekennzeichnet durch einen leeren Platz, mit berücksichtigt ist. In dieser Weise sind bei einem richtigen Dominospiel alle denkbaren Paare von je zwei der Zahlen von 0 bis n vorhanden, wobei auch die $n+1$ Paare von zwei gleichen Zahlen nicht fehlen dürfen, die man Pasche nennt. So ergeben sich $\frac{1}{2}(n+1)(n+2)$ Steine für ein vollständiges Dominospiel. Die Kombinationslehre ergiebt auch eine Formel für die Summe aller Augen auf den sämtlichen Steinen eines Dominospiel, nämlich $\frac{1}{2}n(n+1)(n+2)$.*) Bei den im Handel vorkommenden Spielen ist n eine der Zahlen 6, 7, 8 oder 9. Da jeder Dominostein durch die Summe der Augen, die sich auf ihm befinden, eine bestimmte Zahl darstellt, so lassen sich aus Dominosteinen auch magische Quadrate (vgl. dort)

*) Denn jede Zahl kommt auf einem Pasch zweimal und ausserdem noch n mal, im ganzen also $(n+2)$ mal vor. Die Summe aller Zahlen von 0 bis n ist ferner $\frac{1}{2}n(n+1)$. Also ist die gesamte Augensumme $\frac{1}{2}n(n+1)(n+2)$.

zusammensetzen. Doch übergehen wir hier derartige Anordnungen von Dominosteinen, weil sie mit dem Wesen des Dominospiels nichts zu thun haben. Ebensowenig hat mit dem Charakter des Domino das Kunststück zu thun, das man aus dem in § 5 behandelten erhält, wenn man bei demselben die Karten durch Dominosteine ersetzt. Die Hauptregel des Dominospiels verlangt, dass eine Kette von Steinen derartig gebildet wird, dass immer zwei gleiche Zahlen zusammenstossen. Wenn die Zahlen auf den Steinen nicht durch Punkte, sondern durch gewöhnliche Ziffern dargestellt werden, wie im Folgenden geschehen soll, so sieht eine solche Kette folgendermassen aus:

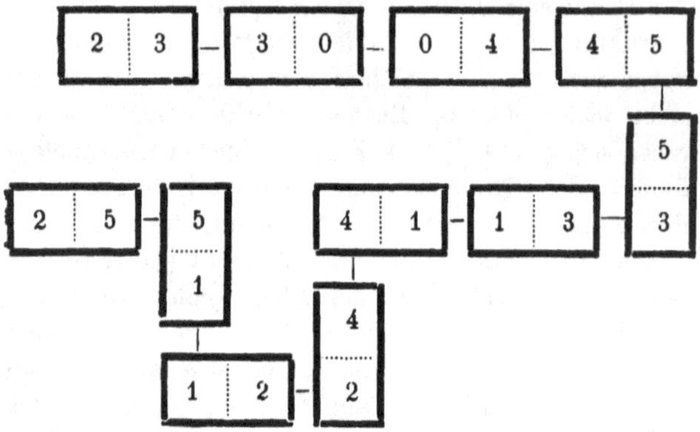

Endigt eine solche Dominokette mit derselben Zahl, mit der sie auch anfängt, so dass sie als eine in sich zurücklaufende Linie gelegt werden kann, so heisst die Kette geschlossen. Da bei einer Kette immer zwei gleiche Zahlen einander benachbart sind, so kommt ausser der Anfangszahl und der Schlusszahl jede Zahl eine gerade Anzahl mal vor. Bei einer geschlossenen Kette kommt also j e d e Zahl eine gerade Anzahl mal vor. Folglich lässt sich bei einem Spiel, dessen Steine die Zahlen-Paare von 0 bis n enthalten, eine geschlossene Kette aus a l l e n Steinen bilden, wenn die Anzahl, wie oft jede Zahl vorkommt, also $n + 2$, eine gerade Zahl ist, d. h., wenn n eine gerade Zahl ist, also etwa 6 oder 8. Wenn aber n, also auch $n + 2$, ungerade ist, so lassen sich alle Steine zu $\frac{1}{2}(n + 1)$ ungeschlossenen Ketten zusammenlegen, wobei auch ein einzelner Stein, der nicht Pasch ist, als eine ungeschlossene Kette zu betrachten ist. Dabei lässt sich auch erreichen, dass alle Ketten, mit Ausnahme einer, aus einem einzelnen Stein bestehen. Folglich müssen sich alle Steine zu $\frac{1}{2}(n - 1)$ einzelnen Steinen und einer ungeschlossenen Kette zusammenstellen lassen. Daher ist, wenn n ungerade ist, die Maximalzahl der Steine einer ungeschlossenen Kette, gleich dem Überschuss der Gesamtzahl $\frac{1}{2}(n + 1)(n + 2)$ über $\frac{1}{2}(n - 1)$, d. h. gleich:

$$\frac{1}{2}(n^2 + 2n + 3).$$

Ist aber n gerade, so lassen sich alle Steine verwenden, um eine einzige geschlossene Kette zu erhalten. In einer geschlossenen Kette aller Steine mit Ausschluss der $n + 1$ Pasche kann jeder Pasch an $\frac{1}{2}n$ Stellen liegen. Folglich ist die Gesamtzahl aller denkbaren Ketten aus allen $\frac{1}{2}(n + 1)(n + 2)$ Steinen $(\frac{1}{2}n)^{n+1}$ mal so gross als die Zahl aller denkbaren Möglichkeiten, aus den $\frac{1}{2}n(n + 1)$, die nicht Pasche sind, eine geschlossene Kette zu legen. Die letztere Zahl ist für n = 4 von Herrn Lucas in seinen Récréations zu 63 360 angegeben, und für n = 6 von Herrn Reiss in Frankfurt a/M. (in den Annali di Matematica pura ed applicata 1871), zu 129 millionen und 976 320 berechnet.

Der Umstand, dass bei geradem n alle $\frac{1}{2}$ (n + 1) (n + 2) Steine sich zu einer geschlossenen Kette zusammenlegen lassen, giebt zu einer überraschenden Täuschung Veranlassung. Entfernt man nämlich heimlich aus dem Dominospiel einen Stein, der nicht Pasch ist, so müssen die übrigen Steine, wie man sie auch der Spielregel gemäss legen mag, immer eine ungeschlossene Kette bilden, deren Anfangszahl und Schlusszahl die beiden Zahlen sind, die auf dem heimlich entfernten Steine stehen, so dass man imstande ist, demjenigen, der die Kette legt, von vornherein zu sagen, dass er, wie er auch die Steine anordnen mag, immer, wenn er mit der Zahl a anfängt, mit der Zahl b endigen muss, wo a und b die beiden Zahlen des heimlich entfernten Steins sind. Man kann das Kunststück auch so einrichten, dass man den andern, der die Kette legen will, sagen lässt, mit welcher Zahl er anfangen und endigen möchte und wieviel Steine er verwenden möchte. Man nimmt dann Steine von solcher Beschaffenheit fort, dass sich aus ihnen eine ungeschlossene Kette legen lässt, die mit denselben Zahlen anfängt und schliesst, die vom andern bei seiner Kette als Anfangs- und Schlusszahl gewünscht sind. Wenn z. B. bei einem Dominospiel, bei dem n = 6 ist, also 28 Steine vorhanden sind, der andere wünscht, mit 23 Steinen eine

Kette zu legen, die mit 4 anfängt und mit 5 schliesst, so hat man 5 Steine fortzunehmen, die eine Kette bilden, deren Endzahlen 4 und 5 sind, z. B. die folgenden:

[4 | 2]-[2 | 2]-[2 | 6]-[6 | 1]-[1 | 5]

Nachdem diese 5 Steine entfernt sind, kann aus den 23 übrigen Steinen eine einzige Kette noch auf mannigfache Arten gelegt werden, immer aber müssen 4 und 5 die Endzahlen sein.

Bei ungeradem n müssen mindestens $\frac{1}{2}$ (n — 1) Steine heimlich entfernt werden, damit sich aus den übrigen Steinen eine Kette mit vorgeschriebenen Endzahlen legen lässt, und zwar müssen die zu entfernenden $\frac{1}{2}$ (n — 1) Steine alle Zahlen von 0 bis n mit Ausnahme derjenigen beiden Zahlen umfassen, die als Endzahlen der Kette gewählt sind. Soll z. B. bei einem Dominospiel, bei dem n = 9 ist, also 55 Steine vorhanden sind, eine Kette entstehen, die mit 3 anfängt und mit 7 endigt, so entferne man etwa die Steine:

[0 | 1] [2 | 4] [5 | 6] [8 | 9]

Natürlich kann man auch mehr Steine entfernen. Es hat z. B. dieselbe Wirkung, ob man den einen Stein [2 | 4] oder, statt dessen die beiden Steine [2 | 3] und [3 | 4] entfernt.

§ 10.

Darstellung aller Zahlen als Summen von Potenzen von Zwei.

Die Beschaffenheit der in fünf Finger gegliederten Hände ist einzig und allein daran schuld, dass die Zahl Zehn der Finger beider Hände die Basis der Zahlwort-Bildung und auch der Zahlzeichen-Bildung bei fast allen Völkern geworden ist. Man kann jedoch, nach Analogie unserer auf dem Stellenwert beruhenden Zifferschrift, auf jeder beliebigen anderen Zahl als Basis eine Zifferschrift aufbauen, nur natürlich nicht auf der Basis 1. Die kleinste Zahl, die als Basis dienen kann, ist also Zwei: So wie wir im Zehner-System ausser 0 noch 9 Ziffern haben, so hat man im Zweier-System ausser 0 nur eine Ziffer, nämlich 1, und diese 1 ist, je nachdem sie, von rechts an gerechnet, die erste, zweite, dritte u. s. w. Stelle einnimmt, als 1, als 2^1, als 2^2 u. s. w. zu rechnen. Im Zweier-System erscheint daher jede Zahl als Summe von Potenzen von Zwei dargestellt. So ist z. B.: $111 = 1 + 2^1 + 2^2 = 7$, ferner:

$$1010011 = 1 + 2^1 + 2^4 + 2^6$$
$$= 1 + 2 + 16 + 64 = 83;$$

$$1110100 = 2^2 + 2^4 + 2^5 + 2^6$$
$$= 4 + 16 + 32 + 64 = 116.$$

Will man umgekehrt eine dekadisch geschriebene Zahl dyadisch, d. h. im Zweiersystem, darstellen, so subtrahiere man von ihr die höchste Potenz von Zwei, die zu subtrahieren geht, den erhaltenen Rest behandele man ebenso und fahre so fort, bis man auf den Rest 0 oder 1 kommt. Jede Potenz von 2, die zu subtrahieren geht, wird durch eine 1 dargestellt, jede fehlende durch eine 0. Soll z. B. die Jahreszahl 1897 dyadisch geschrieben werden, so muss man zunächst erkennen, dass $2^{10} = 1024$ die höchste Potenz von 2 ist, die in 1897 enthalten ist. Der Rest 1897 — 1024 = 873 enthält $2^9 = 512$, 873 — 512 = 361 enthält $2^8 = 256$. Der Rest 361 — 256 = 105 enthält 2^7 nicht, wohl aber $2^6 = 64$. Der Rest 105 — 64 = 41 enthält $2^5 = 32$. Der Rest 41 — 32 = 9 enthält 2^4 nicht, wohl aber $2^3 = 8$. Der Rest 9 — 8 ist gleich 1, so dass die zweite und erste Potenz von 2 fehlen. Daher ist:

$$1897 = 11\,101\,101\,001.$$

Auf der Darstellung der Zahlen durch Potenzen von Zwei beruhen mehrere Kunststücke, von denen hier einige Platz finden sollen.

1. Man fertigt sich 7 Kärtchen an, auf deren erstem alle Zahlen stehen, die in dyadischer Zifferschrift mit einer 1 endigen, d. h. alle ungeraden Zahlen. Auf

das zweite Kärtchen bringt man alle Zahlen, deren vorletzte dyadische Ziffer eine 1 ist, also 2, 3, 6, 7, 14, 15 u. s. w. Auf das dritte Kärtchen kommen alle Zahlen, deren von rechts dritte Ziffer in dyadischer Zifferschrift eine 1 ist, wie 4, 5, 6, 7, 12, 13, 14, 15 u. s. w. Das siebente Kärtchen würde die Zahlen von 64 bis 127 enthalten. Man bittet dann jemand, sich eine Zahl unter 128 zu denken, giebt ihm nacheinander die 7 Kärtchen, und lässt sich jedesmal sagen, ob die gedachte Zahl auf dem Kärtchen ist oder nicht. Die Summe der ersten Zahlen derjenigen Kärtchen, auf denen die gedachte Zahl steht, ergiebt dieselbe. War z. B. 77 die gedachte Zahl, so würde dieselbe als auf dem ersten, dritten, vierten und siebenten Kärtchen befindlich gemeldet werden müssen, wonach man zu rechnen hätte:

$$1 + 4 + 8 + 64 = 77.$$

Statt der Zahlen kann man auch Vornamen, Städte-Namen u. s. w. nehmen, die in gewisser Weise den Zahlen zugeordnet sind, etwa gemäss einer Tabelle, die man willkürlich zusammengestellt hat. Statt 7 Kärtchen kann man natürlich auch weniger oder mehr nehmen. Bei n Kärtchen kann man $2^n - 1$ Zahlen oder Namen raten lassen.

2. Auf einem Tisch liegt eine gewisse Anzahl gleichartiger Gegenstände, etwa Spielmarken. Die Person A will dieselbe raten und bittet B, er möchte, während A abwesend ist, von den Spielmarken nacheinander immer eine mit der rechten Hand und eine mit der

linken Hand aufnehmen, die mit der rechten Hand aufgenommenen in einen Sammeltopf werfen, die mit der linken Hand aufgenommenen aber auf den ersten von einer Anzahl von Tellern legen, die in gerader Linie auf dem Tisch stehen müssen. Bleibt dabei eine Spielmarke übrig, so soll B dieselbe auf den Tisch oberhalb des ersten Tellers legen. Dann soll mit den auf dem ersten Teller liegenden Spielmarken ebenso verfahren werden, indem die mit der rechten Hand aufgenommenen in den Sammeltopf geworfen, die mit der linken Hand aufgenommenen aber auf den zweiten Teller gelegt werden, und, falls eine übrig bleibt, dieselbe oberhalb des zweiten Tellers Platz finden soll. So fortfahrend, muss B schliesslich alle Spielmarken in den Sammeltopf geworfen haben, mit Ausnahme der wenigen, die auf dem Tisch oberhalb des einen oder des anderen Tellers liegen werden. Schliesslich muss es kommen, dass auf einem Teller nur eine einzige Spielmarke liegt, die man dann oberhalb des Tellers zu legen hat. Wenn dann A an den Tisch herantritt, so kann er die Anzahl der Spielmarken raten, die ursprünglich auf dem Tisch lagen. Er hat nur bei jedem Teller, über dem eine Spielmarke liegt, eine Potenz von 2 zu addieren, und zwar beim n-ten Teller die (n — 1) te Potenz von 2. Angenommen, A finde das folgende Bild vor:

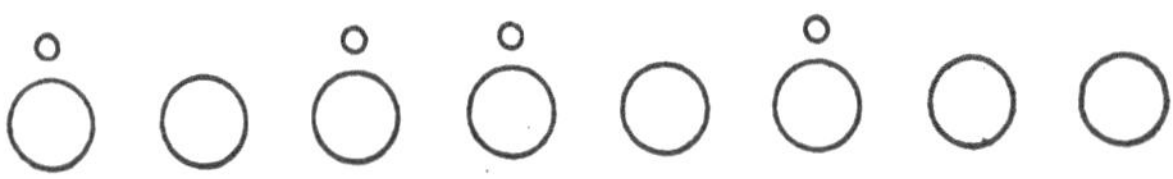

Er hat dann zu rechnen:

$$1 + 4 + 8 + 32 = 45.$$

Es waren also ursprünglich 45 Spielmarken auf dem Tisch.

3. Noch überraschender wirkt die Benutzung der Eigenschaft jeder Zahl, eine Summe von Potenzen von Zwei zu sein, bei dem folgenden Kunststück. A und B haben verabredet, dass die beiden Flächen einer Münze 0 und 1 einer dyadisch geschriebenen Zahl bedeuten sollen, also etwa die Wappenseite 0, die Schriftseite 1 darstellen soll. A geht hinaus, während B von den Teilnehmern der Gesellschaft eine Zahl verabreden lässt, die A raten soll. B düpiert die Gesellschaft, indem er sagt, dass A imstande wäre, allein aus den Winkeln, unter denen Münzen zu einander gelegt werden, jede beliebige Zahl zu erraten. B nimmt daher irgend welche Münzen und stellt durch sie die verabredete Zahl dyadisch dar, indem er eine Münze bei der die Schriftseite nach oben liegt, als 1 rechnet, und eine, bei der die Wappenseite nach oben liegt, als 0 rechnet. Um zu täuschen und die Gesellschaft nicht auf den Gedanken kommen zu lassen, dass es bei dem Kunststück wesentlich ist, welche Seite oben liegt, wird B mit den Münzen Figuren bilden, und so thun, als ob er sich Mühe giebt, die Winkel möglichst genau zu legen. Angenommen, die Gesellschaft habe die Zahl 219 verabredet. Dann wird B etwa das folgende Münzenbild legen, in dem jeder Kreis eine Münze darstellen, und W bezw. S andeuten soll, ob die Wappenseite oder die Schriftseite oben liegt:

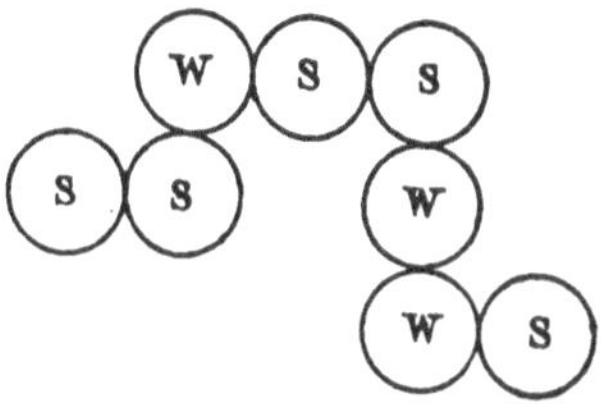

A kommt an den Tisch und erkennt aus den darauf liegenden Münzen, die er von rechts nach links ansieht, dass die verabredete Zahl

$$1 + 8 + 16 + 64 + 128 = 217$$

war.

§ 11.

Das Bachetsche Gewichtsproblem.

Schon in dem Bachetschen Buche „Problèmes plaisants et délectables“ findet sich die Aufgabe, welche Gewichtsstüke vorhanden sein müssen, damit man auf einer Wage jede ganze Zahl von Pfunden bis 40 wiegen könne, wenn es darauf ankommt, möglichst wenig solcher Gewichtsstücke zu haben. Wenn nur die eine Wagschale zum Aufsetzen der Gewichte benutzt werden soll, so ergiebt sich, dass die Zahlen welche angeben, wieviel Pfund jedes Gewichtsstück wiegt, die aufeinanderfolgenden Potenzen von Zwei sein müssen, da, wie § 10 gezeigt ist, jede ganze Zahl als Summe von Potenzen der Zahl Zwei darstellbar ist. Wenn aber beide Wagschalen zum Aufsetzen der Gewichte benutzt werden dürfen, also auch Gewichte subtrahiert werden dürfen, so sind die Potenzen von Drei die Zahlen, welche angeben, wieviel Pfund die Gewichtsstücke wiegen müssen. Um also jede ganze Zahl von Pfunden bis 40 wiegen zu können, müssen vier Gewichtsstücke vorhanden sein, die

1, 3, 9, 27

Pfund wiegen. In der That kann man durch Additionen und Subtraktionen, die nur zwischen diesen vier Zahlen oder einigen von ihnen, bewerkstelligt werden, jede ganze Zahl bis 40 erreichen, wie die folgende Tabelle zeigt:

$1 = 1$	$9 = 9$	$17 = 27 - 9 - 1$
$2 = 3 - 1$	$10 = 9 + 1$	$18 = 27 - 9$
$3 = 3$	$11 = 9 + 3 - 1$	$19 = 27 - 9 + 1$
$4 = 3 + 1$	$12 = 9 + 3$	$20 = 27 - 9 + 3 - 1$
$5 = 9 - 3 - 1$	$13 = 9 + 3 + 1$	$21 = 27 - 9 + 3$
$6 = 9 - 3$	$14 = 27 - 9 - 3 - 1$	$22 = 27 - 9 + 3 + 1$
$7 = 9 - 3 + 1$	$15 = 27 - 9 - 3$	$23 = 27 - 3 - 1$
$8 = 9 - 1$	$16 = 27 - 9 - 3 + 1$	$24 = 27 - 3$

$25 = 27 - 3 + 1$	$33 = 27 + 9 - 3$
$26 = 27 - 1$	$34 = 27 + 9 - 3 + 1$
$27 = 27$	$35 = 27 + 9 - 1$
$28 = 27 + 1$	$36 = 27 + 9$
$29 = 27 + 3 - 1$	$37 = 27 + 9 + 1$
$30 = 27 + 3$	$38 = 27 + 9 + 3 - 1$
$31 = 27 + 3 + 1$	$39 = 27 + 9 + 3$
$32 = 27 + 9 - 3 - 1$	$40 = 27 + 9 + 3 + 1$

Man erkennt leicht, dass es mit weniger Gewichten nicht möglich sein kann, alle Zahlen von 1 bis 40 darzustellen, und dass man überhaupt, mit Hilfe der addierten oder subtrahierten Potenzen von Drei:

$$1,\ 3,\ 9,\ 27,\ 81,\ \ldots\ 3^n$$

alle Zahlen von 1 bis $\frac{1}{2}\ (3^{n+1} - 1)$ darstellen kann.

Das Bachetsche Gewichtsproblem ist seit seinem ersten Erscheinen 1612 in sehr vielen Büchern und

Zeitschriften bis auf den heutigen Tag wiederholt worden. Doch hat es erst neuerdings eine mathematisch behandelte Erweiterung erfahren, und zwar durch den Major Macmahon in seiner Abhandlung „Certain special partitions of numbers" (im Quarterly Journal of Mathematics, 1886). Dort wird die allgemeinere Aufgabe behandelt, auf welche Weise es überhaupt möglich ist, alle Gewichte von 1 Pfund bis n Pfund zu wiegen, wenn die Gewichtsstücke gleich oder verschieden schwer vorausgesetzt werden. Aus den entwickelten Formeln ergiebt sich z. B. für n = 40, dass es auf achtfache Weise möglich ist, jede ganze Zahl von Pfunden von 1 Pfund bis 40 Pfund zu wiegen, wenn die Bedingung hinzukommt, dass nur Gewichtsstücke von 1, 3, 9, 27 Pfund verwandt werden sollen, und dass jedes Gewicht nur auf einerlei Weise darstellbar sein soll. Die 8 Möglichkeiten sind:

erstens: 40 Gewichtsstücke von je 1 Pfund;

zweitens: 1 Gewichtsstück von 1 Pfund und 13 von je 3 Pfund;

drittens: 4 Gewichtsstücke von je 1 Pfd. und 4 von je 9 Pfd;

viertens: 1 Gewichtsstück von 1 Pfund, 1 von 3 Pfund und 4 von je 9 Pfund;

fünftens: 13 Gewichtsstücke von je 1 Pfund und 1 von 27 Pfund;

sechstens: 1 Gewichtsstück von 1 Pfund, 4 von 3 Pfund, 1 von 27 Pfund;

siebentens: 4 Gewichtsstücke von 1 Pfund, 1 von 9 Pfund, 1 von 27 Pfund;

achtens: 1 Gewichtsstück von 1 Pfund, 1 von 3 Pfund, 1 von 9 Pfund und 1 von 27 Pfund.

Die achte Möglichkeit giebt die Lösung des Bachetschen Problems. Man erkennt, dass diese Lösung diejenige ist, bei der am wenigstens Gewichtsstücke gebraucht werden, und auch die einzige ist, bei der alle Gewichtsstücke verschieden wiegen.

§ 12.

Erraten von Besitzern verschiedener Sachen.

Drei Personen I, II, III sitzen um einen Tisch, auf dem drei kleine Gegenstände a, b, c und 24 Spielmarken liegen. Eine vierte Person D giebt von den Spielmarken eine an I, zwei an II, drei an III. In Abwesenheit von D eignet sich jede von den drei Personen einen von den drei Gegenständen a, b, c an und steckt ihn in die Tasche. D erbietet sich nun zu raten, welchen Gegenstand I, welchen II und welchen III fortgenommen hat, falls in seiner Abwesenheit folgendes stattfindet. Von den übrig gebliebenen 18 Spielmarken soll die Person, welche sich den Gegenstand a genommen hat, so viel Spielmarken nehmen, als ihr D anfänglich gegeben hat, ferner die Person, welche sich b genommen hat, doppelt so viel, wie ihr D gegeben hat, und endlich die Person, welche sich c genommen hat, viermal so viel, wie ihr D gegeben hat. D ist dann imstande, aus der Anzahl der noch auf dem Tische liegenden Spielmarken zu ersehen, welchen Gegenstand die Person I, welchen II und welchen III genommen hat.

Dieses von Bachet in seinen „Problèmes plaisants et délectables“ (No. XXV) aufgestellte und genau erörterte Problem ist seitdem in vielen Büchern und Unterhaltungszeitschriften mit unwesentlichen Varianten reproduziert worden. Die drei Gegenstände a, b, c können an die drei Personen I, II, III auf sechserlei Weise verteilt werden. Schreibt man nämlich von den drei Buchstaben a, b, c denjenigen an erster, zweiter oder dritter Stelle, mit dem der von I, II oder III genommene Gegenstand bezeichnet ist, so ergeben sich die 6 durch Permutieren der Buchstaben a, b und c entstehenden Tripel. Bei jeder der 6 möglichen Verteilungsarten kommt eine andere Summe der fortgenommenen Spielmarken, also auch eine andere Anzahl der auf dem Tisch liegen gebliebenen heraus, wie aus der folgenden Tabelle ersichtlich ist:

Verteilung:	Fortgenommen:	Rest:
a b c	$1.1+2.2+3.4=17$	1
a c b	$1.1+2.4+3.2=15$	3
b a c	$1.2+2.1+3.4=16$	2
b c a	$1.2+2.4+3.1=13$	5
c a b	$1.4+2.1+3.2=12$	6
c b a	$1.4+2.2+3.1=11$	7

Um den Zusammenhang der 6 Restzahlen 1, 3, 2, 5, 6, 7 mit den 6 Verteilungsarten leicht im Gedächtnis behalten zu können, hat schon Bachet einen Merk-Vers angegeben. Nimmt man statt der ersten drei Buchstaben a, b, c die drei ersten Vokale a, e, i, so lässt sich die Beziehung der Reste zu den Verteilungsarten durch den folgenden Vers behalten:

Par fer, César, jadis, devint, si grand, prince. Die hierin enthaltenen Worte bezw. Wortpaare beziehen sich, der Reihenfolge nach, auf die Reste 1, 2, 3, 5, 6, 7. Hat man so aus dem übrig gebliebenen Rest das Wort oder Wortpaar des Merkverses, so geben die beiden darin enthaltenen Vokale der Reihe nach an, welchen Gegenstand I und welchen II genommen hat, woraus dann von selbst folgt, welchen Gegenstand III genommen hat. Waren z. B. 2 Spielmarken liegen geblieben, so giebt der Merkvers das Wort „César". Da e der zweite, a der erste Vokal des Alphabets ist, so hat I den zweiten Gegenstand, II den ersten, also III den dritten genommen. Waren 6 Spielmarken liegen geblieben, so ergiebt „si grand", dass I den dritten, II den ersten, also III den zweiten Gegenstand genommen hat. Oughtred, dessen „Mathematical Recreations" in London 1653 erschienen, gab als mnemotechnisches Hilfsmittel statt des Bachetschen französischen Verses den folgenden lateinischen Vers:

Salve certa animae semita vita quies.

Schon Bachet hat sein Problem von drei Personen und drei Sachen auf vier Personen und vier Sachen ausgedehnt. Die Anzahl der auf dem Tisch liegenden Spielmarken ist in diesem Falle bei ihm 78. Die Personen I, II, III, IV haben mit den Zahlen 1, 2, 3, 4 zu multiplizieren, und die zweiten Faktoren, die von den vier genommenen Gegenständen abhängen, sind 1, 4, 16, 0. Es sind 24 Verteilungsarten möglich, die von den Anzahlen der auf dem Tisch zurückgebliebenen Spielarten so abhängen, wie die folgende

Tabelle angiebt, wo die vier Sachen a, b, c, d genannt sind.

Reste	I	II	III	IV
0	d	a	b	c
1	a	d	b	c
3	d	b	a	c
5	a	b	d	c
7	b	d	a	c
8	b	a	d	c
12	d	a	c	b
13	a	d	c	b
18	d	b	c	a
21	a	b	c	d
22	b	d	c	a
24	b	a	c	d

Reste	I	II	III	IV
27	d	c	a	b
29	a	c	d	b
30	d	c	b	a
33	a	c	b	d
38	b	c	d	a
39	b	c	a	d
43	c	d	a	b
44	c	a	d	b
46	c	d	b	a
48	c	a	b	d
50	c	b	d	a
51	c	b	a	d

Die Verteilung von 4 Sachen unter 4 Personen ist vor Bachet schon in einem von Diego Palomino verfassten und 1599 erschienenen Buche behandelt, in der auch die magischen Quadrate besprochen sind.

Denkt man sich statt der den Personen zugewiesenen Zahlen von 1 bis 4 die allgemeinen Zahlen

$$a_1, a_2, a_3, \ldots a_n$$

und statt der den vier Sachen zugewiesenen Zahlen 1, 4, 16, 0 die allgemeinen Zahlen

$$x_1, x_2, x_3, \ldots x_n,$$

so gelangt man von dem Bachetschen Probleme zu dem folgenden mathematischen Probleme: Wenn man bei jedem der n! durch Permutation von $x_1, x_2, \ldots x_n$ entstehenden Komplexe die n darin auftretenden Grössen der Reihe nach mit den gegebenen Zahlen $a_1, a_2, a_3 \ldots a_n$ multipliziert, und die erhaltenen n Produkte addiert, so entstehen als Summen n! Zahlen, die alle verschieden sein sollen. Wie sind dann $x_1, x_2, x_3, \ldots x_n$ zu bestimmen?

Falls $a_1, a_2, \ldots a_n$ die Zahlen von 1 bis n bedeuten, hat Herr Labosne, der Bearbeiter der 1879 erschienenen vierten Auflage des Bachetschen Buches, eine Methode angegeben (vgl. dort Note IV), die immer zu einer Lösung führt. Doch fehlt bis jetzt eine allgemeine Behandlung des Problems. Auch fügte Herr Labosne hinzu, dass man die auf die 4 Gegenstände bezüglichen Bachetschen Zahlen 1, 4, 16, 0 auch durch 1, 2, 5, 15 ersetzen kann, falls den 4 Personen die Zahlen 1, 2, 3, 4 zugewiesen werden.

§ 13.

Spiel von zwei Personen, die abwechselnd addieren.

A und B verabreden ein Spiel, das darin besteht, dass jeder eine grössere Zahl nennt, als diejenige ist, die der andere eben genannt hat, dass aber der Überschuss einer genannten Zahl über die vorher genannte Zahl nicht grösser ist als zehn, und dass derjenige gewonnen hat, der zuerst die Zahl „Hundert“ zu nennen berechtigt ist.

Bei diesem schon von Bachet mitgeteilten Spiel (Problèmes plaisants et délectables, Problème XXII) gewinnt immer derjenige, der zuerst eine der Zahlen

1, 12, 23, 34, 45, 56, 67, 78, 89

nennen kann, falls er dann weiterhin keine andere Zahl, als eine Zahl derselben Reihe nennt. Wenn er dann 89 genannt hat, so kann der andere, der Spielregel gemäss, keine andere Zahl, als eine der Zahlen von 90 bis 99 nennen, worauf dann sofort 100 genannt werden darf, wodurch das Spiel gewonnen ist. Damit aber einer der Spieler, etwa A, 89 nennen kann, muss er vorher 78 genannt haben, da dann B bei seinem Addieren unter 89 bleiben muss. Damit ferner A 78 nennen kann, muss er vorher 67 genannt haben, u. s. w. Man sieht also, dass man von der Grenzzahl 100 nacheinander 11 abziehen muss, um die Zahlen zu erhalten, die A nennen muss, um sicher zu gewinnen. Ist verabredet, dass B das Spiel beginnen soll und nennt er eine Zahl der obigen Reihe, so muss A verlieren, falls B nie eine andere Zahl, als eine der obigen Reihe nennt. Wenn aber B beginnt und eine nicht jener Reihe angehörige Zahl nennt, so muss A gewinnen, falls er sofort die nächste erlaubte Zahl der obigen Reihe nennt und dann konsequent immer 11 zu der von ihm zuletzt genannten Zahl addiert. Das allgemeine Gesetz, nach dem eine solche Reihe zu bilden ist, ist leicht zu erkennen. Setzt man z statt 100, und ist d der verabredete höchste Überschuss einer genannten Zahl über die vorher genannte, sowie es eben 10 war, so stellt

$$z - n \, . \, (d + 1)$$

die Zahlen dar, die A nacheinander nennen muss, um zu gewinnen. Soll also z. B. derjenige gewinnen, der zuerst 40 sagen kann, und ist 6 der verabredete höchste Überschuss; so hat A, um zu gewinnen, sich aus

$$40 - 7n$$

die Zahlenreihe:

5, 12, 19, 26, 33

zu berechnen, und diese Zahlen nacheinander zu nennen. Wenn beide Spieler, A und B, das Spiel und die zugehörige Reihe kennen, so gewinnt natürlich der, der anfängt, eine Zahl zu nennen.

Eine kleine Variante des Spiels besteht darin, dass derjenige verlieren soll, der zuerst die Zahl z nennen muss. Dann muss A, um zu gewinnen, die Zahlen nennen, die aus

$$z - 1 - n\,(d + 1)$$

hervorgehen, wenn man für n ganze Zahlen einsetzt, also, falls wieder $z = 40$, $d = 6$ ist,

4, 11, 18, 25, 32.

Wenn A es erreicht hat, 32 nennen zu dürfen, so muss der andere Spieler B notwendiger Weise eine der Zahlen von 33 bis 38 nennen. Darauf sagt A 39 und B, da er eine grössere Zahl nennen muss, höchstens aber 40 sagen darf, muss 40 sagen, wodurch A gewonnen, B verloren hat.

§ 14.

Vollkommene Zahlen.

Die Griechen liebten es, schon seit der Zeit der Pythagoräer, die ganzen Zahlen hinsichtlich ihrer eigentümlichen Eigenschaften zu studieren. Namentlich wurden die Zahlen hinsichtlich der Summe ihrer Teiler untersucht. Jede Zahl war entweder vollkommen oder überschiessend oder mangelhaft. V o l l k o m m e n hiess eine Zahl, wenn die Summe ihrer sämtlichen Teiler ihr gleich ist, ü b e r s c h i e s s e n d, wenn die Teilersumme grösser als die Zahl selbst ist, m a n g e l h a f t, wenn die Teilersumme kleiner als die Zahl selbst ist. Dabei wurde die Zahl 1 als Teiler mitgezählt, nicht aber die Zahl selbst als ihr eigener Teiler betrachtet. Die Teilersumme einer Zahl findet man leicht aus ihrer Zerlegung in Primfaktoren, wie folgende Beispiele zeigen. Die Zahl 72 ist gleich 8 mal 9, also gleich $2^3 . 3^2$, woraus folgt, dass ihre sämtlichen Teiler, einschliesslich 72 selbst, entstehen, wenn man jede Zahl der Reihe $1, 2, 2^2, 2^3$ mit jeder der Zahl der Reihe $1, 3, 3^2$ multipliziert. Also muss die Summe der Teiler der Zahl 72 herauskommen, wenn man $1 + 2 + 2^2 + 2^3$

mit $1 + 3 + 3^2$ multipliziert und vom erhaltenen Produkt 72 subtrahiert. Man erhält dadurch $15 . 13 - 72 = 195 - 72 = 123$. Da 123 grösser als 72 ist, so ist 72 eine überschiessende Zahl. Prüfen wir zweitens die Zahl 880. Ihre Zerlegung in Primfaktoren ergiebt 4mal die Primzahl 2, einmal die 5, einmal die 11. Also ist $880 = 2^4 . 5 . 11$, weswegen sich die sämtlichen Teiler von 880 ergeben, wenn man jede Zahl der Reihe 1, 2, 4, 8, 16 mit jeder Zahl der Reihe 1, 5 und das Produkt endlich mit jeder Zahl der Reihe 1, 11 multipliziert. Daraus folgt, dass die Teilersumme von 880 gleich

$$(1 + 2 + 4 + 8 + 16) (1 + 5) (1 + 11) - 880$$

ist, also $31 . 6 . 12 - 880 = 186 . 12 - 880 = 2232 - 880 = 1352$ ist. Also ist auch 880 überschiessend. Dagegen ist 147 eine mangelhafte Zahl, weil $147 = 3 . 7^2$ und $(1 + 3) (1 + 7 + 49) - 147 = 228 - 147 = 81 < 147$ ist. Endlich ist die Zahl 496 vollkommen, weil $496 = 2^4 . 31$ ist, und weil $(1 + 2 + 4 + 8 + 16) (1 + 31) - 496 = 31 . 32 - 496 = 992 - 496 = 496$ ist.

Wie schon Euklid um 300 vor Christi Geburt bewiesen hat, entstehen gerade vollkommene Zahlen dadurch, dass man irgend eine Primzahl, die um 1 kleiner ist, als eine Potenz von 2 mit der nächst kleineren Potenz von 2 multipliziert. Es ist z. B. 31 eine Primzahl, die um 1 kleiner ist, als 32, die fünfte Potenz von 2. Multipliziert man 31 mit der nächst niederen Potenz von 2, also mit 16, so entsteht die vollkommene Zahl 496. Dass diese Euklidische Regel immer zu einer vollkommenen Zahl führt, geht aus dem oben dargelegten Verfahren für die Auffindung der Teilersumme einer Zahl hervor. Denn, wenn $2^n - 1$ eine Primzahl ist, so erhält man die Teilersumme der Zahl

$$(2^n - 1) . 2^{n-1}$$

dadurch, dass man die Summe

$$1 + (2^n - 1)$$

mit der Summe

$$1 + 2 + 2^2 + 2^3 + \dots 2^{n-1}$$

multipliziert und vom erhaltenen Produkte die Zahl selbst subtrahiert. Nun ist:

$$(1 + 2^n - 1) . (1 + 2 + 2^2 + \dots 2^{n-1})$$
$$- (2^n - 1) . 2^{n-1} = 2^n . (2^n - 1) - 2^{n-1} . (2^n - 1)$$
$$= (2^n - 1) . (2^n - 2^{n-1}) = (2^n - 1) . 2^{n-1} . (2 - 1)$$
$$= (2^n - 1) . 2^{n-1}.$$

Man sieht also, dass die Teilersumme gleich der Zahl selbst wird. Euler hat bewiesen, dass es keine anderen g e r a d e n vollkommenen Zahlen geben kann, als die auf solche Weise entstehenden. Dass es keine ungeraden vollkommenen Zahlen unterhalb einer sehr hohen Grenze geben kann, ist neuerdings bewiesen. Noch aber ist ein allgemeiner Beweis nicht geliefert, dass es überhaupt keine ungeraden vollkommenen Zahlen geben kann. Von späteren Griechen haben sich besonders Nikomachos und Jamblichos mit vollkommenen Zahlen beschäftigt. Von Jamblichos ist ein ausführlicher Bericht über diese Zahlen verfasst, in dem behauptet wird, dass jede Myriaden-Stufe eine vollkommene Zahl enthält. Unter erster Myriaden-Stufe versteht nämlich Jamblichos die Zahlen von 10^4 bis 10^8, unter zweiter die von 10^8 bis 10^{12} und überhaupt unter n-ter Myriaden-Stufe die Zahlen

$$\text{von } 10^{4n} \text{ bis } 10^{4n+1}.$$

Herr Hultsch hat 1895 und 1896 diese Behauptung des Jamblichos in den Nachr. der Kgl. Sächs. Gesellsch. der Wiss. geprüft und festgestellt, dass die erste myriadische Stufe zwar eine, die zweite aber zwei, die dritte keine, die vierte eine, die fünfte, sechste, siebente, achte keine, die neunte aber wieder eine vollkommene Zahl besitze. Da $(2^p - 1) . 2^{p-1}$ nur dann eine vollkommene Zahl liefert, wenn $2^p - 1$ Primzahl ist, so ist die Aufsuchung der Primzahlen von der Form $2^p - 1$ erforderlich, um alle vollkommenen Zahlen finden zu können. Mit dieser Aufsuchung hat sich besonders Mersenne beschäftigt, und zwar in seinen 1644 erschienenen Cogitata Physico-Mathematica. Zunächst ist einzusehen, dass $2^p - 1$ nur dann Primzahl sein kann, wenn p Primzahl ist. Denn, wenn $p = m . n$ wäre, wo m und n beide grösser als 1 sind, so folgt aus der Teilbarkeit von $x^n - 1$ durch $x - 1$, dass auch $2^{m.n} - 1$ durch $2^m - 1$ teilbar sein muss. Man hat nun nacheinander die Zahlen von der Form $2^p - 1$, wo p Primzahl ist, untersucht, und zwar vorläufig bis $p = 61$. Namentlich hat Herr Seelhof sich dieser mühevollen Arbeit unterzogen. So ist nunmehr festgestellt, dass $2^p - 1$, wo $p \leqq 61$ ist, nur dann Primzahl ist, wenn p eine der Zahlen

$$2, 3, 5, 7, 13, 17, 19, 31, 61$$

ist. Die aus diesen neun Zahlen folgenden Primzahlen von der Form $2^p - 1$ sind folgende:

3, 7, 31, 127, 8191, 131071, 524287,
2147'483647, 2'305843'009213'693951.

Hieraus ergeben sich nach dem oben besprochenen Euklidischen Bildungsgesetz die folgenden neun vollkommenen Zahlen:

6, 28, 496, 8128, 33'550336, 8589'869056,
137438'691328; 2'305843'008139'952128,
und 2'658455'991569'831744'654692'615953'842176.

Es sind also bis jetzt neun vollkommene Zahlen wirklich ausgerechnet, und die grösste unter ihnen ist 37-ziffrig. Es ist auffällig, dass jede dieser Zahlen entweder mit der Ziffer 6 oder mit den Ziffern 28 endigt. Dies ist nicht Zufall, sondern ein allgemeines, für alle geraden vollkommenen Zahlen bewiesenes Gesetz.

Mit der Definition der vollkommenen Zahlen verwandt ist die Definition der „befreundeten" Zahlen. Befreundet heissen nämlich zwei verschiedene Zahlen, wenn jede von ihnen gleich der Teilersumme der andern ist. Solche zwei Zahlen sind z. B. 220 und 284, denn $220 = 2^2 . 5 . 11$, $284 = 2^2 . 71$, woraus folgt, dass die Teilersumme von 220 gleich

$$(1 + 2 + 2^2)(1 + 5)(1 + 11) - 220$$
$$= 7 . 6 . 12 - 220 = 504 - 220 = 284$$

ist, und dass die Teilersumme von 284 gleich

$$(1 + 2 + 2^2)(1 + 71) = 7 \cdot 72 - 284$$
$$= 504 - 284 = 220$$

ist. Nach Jamblichos sollen schon die Pythagoräer den Begriff der befreundeten Zahlen aufgestellt haben. Mit der Aufstellung eines allgemeinen Gesetzes zur Auffindung von Paaren befreundeter Zahlen beschäftigten sich Cartesius und dann Euler.

§ 15.

Pythagoreische und Heronische Zahlen.

Die Umkehrung des Pythagoreischen Lehrsatzes sagt aus, dass ein Dreieck rechtwinklig ist, wenn das Quadrat über einer Seite ebensoviel Inhalt hat, wie die Summe der Quadrate über den beiden anderen Seiten. Man kann daher einen rechten Winkel dadurch konstruieren, dass man drei Zahlen x, y, z sucht, die der Bedingung

$$x^2 = y^2 + z^2$$

genügen, und dass man dann ein Dreieck herstellt, dessen Seiten x, y und z mal so gross sind, als irgend eine als Maasseinheit dienende Strecke. Die kleinsten Zahlen, die der Bedingungsgleichung $x^2 = y^2 + z^2$ gehorchen, sind 5, 4, 3, indem $5^2 = 25 = 4^2 + 3^2 = 16 + 9$ ist. Die Erkenntnis, dass die Zahlen 5, 4, 3 auf ein rechtwinkliges Dreieck führen, ist, nach dem Berichte der Griechen, uralten ägyptischen Ursprungs. Hierach sollen in ältester Zeit bei der Fundamentierung eines ägyptischen Baues die Harpedonapten, d. h. Seilspanner, deshalb eine Rolle gespielt haben, weil sie in der Kunst geübt waren, drei

Pflöcke so in die Erde zu stecken, dass sie einen genauen rechten Winkel ergaben. Nachdem nämlich durch die von der Sonne entworfene kürzeste Schattenlänge die genaue Richtung von Norden nach Süden als die eine Hauptrichtung des zu errichtenden Bauwerks festgestellt war, mussten die Seilspanner kommen, um die Richtung von Osten nach Westen als die zweite Hauptrichtung durch Pflöcke zu bezeichnen. Sie bedienten sich dazu eines in sich selbst zurücklaufenden Seiles, das durch Knoten in zwölf gleiche Teile geteilt war, und sorgten nun dafür, dass die beiden Pflöcke, die die Richtung von Norden nach Süden angaben, um vier solcher Teile entfernt waren. Wenn sie dann mit einem dritten Pflock das in sich selbst zurücklaufende Seil so spannten, dass sich an den einen Pflock fünf Teile, an den andern Pflock drei Teile anschlossen, so bildeten die beiden Seilrichtungen, die drei und vier Teilen entsprachen, einen genauen rechten Winkel. Hiernach muss also dem Erfinder des ägyptischen Seilspannens bekannt gewesen sein, dass, wenn die Seiten eines Dreiecks sich wie 3 zu 4 zu 5 verhalten, dasselbe rechtwinklig sein muss. Ausser dem Zahlentripel 3, 4, 5 ist namentlich noch 5, 12, 13 als ein solches bekannt, das zu einem rechtwinkligen Dreieck führt. Dieses Zahlentrippel kommt in einer Aufgabe vor, die in der chinesischen Arithmetik „Kiu tschang“ steht. Nach chinesischer Aufgabe soll der Kiu tschang etwa 2600 vor Christi Geburt von Tsin Kiu Tschaou verfasst sein. Die Aufgabe lautet: „Im Mittelpunkte eines quadratischen Teichs von zehn Fuss Seitenlänge wächst ein Schilf, das sich einen Fuss hoch über das Wasser erhebt. Als man dasselbe ans Ufer nach der Mitte einer Seite zog, reichte es gerade bis an den Rand des Teiches. Wie tief war der Teich?" Die Antwort ist 12 Fuss, indem die Mitte des Teiches, wo der Schilf sich über das Wasser erhebt, die Wurzel des Schilfs und die Mitte der einen Seite des von dem Teiche gebildeten Quadrats die Eckpunkte eines rechtwinkligen Dreiecks sein müssen, dessen Seiten 12 + 1 Fuss, 12 Fuss und die Hälfte von 10 Fuss sind.

Jedes Tripel von positiven ganzen Zahlen, das die Gleichung $x^2 = y^2 + z^2$ erfüllt, nennt man ein pythagoreisches Tripel, wegen des Zusammenhangs dieser Gleichung mit dem von Pythagoras entdeckten Lehrsatze. Mit der Aufsuchung solcher pythagoreischen Tripel haben sich schon die griechischen Mathematiker beschäftigt. Es ist sehr leicht, ein Bildungsgesetz zu finden, das mit Sicherheit zu allen denkbaren Tripeln führt. Zunächst ist klar, dass jedes richtige Tripel dadurch unzählig viele neue Tripel hervorruft, dass man jede der drei Zahlen x, y, z des Tripels mit einer und derselben Zahl multipliziert. So ist 6, 8, 10 oder 9, 12, 15 ein pythagoreisches Tripel, weil 3, 4, 5 eins ist. Deswegen brauchen wir uns nur mit der Aufsuchung solcher Tripel zu beschäftigen, die keinen gemeinsamen Teiler haben. Demgemäss können wir auch voraussetzen, dass die beiden Kathetenzahlen y und z keinen gemeinsamen Teiler haben. Denn, wenn sie einen solchen hätten, müsste ihn auch x haben, und das wollten wir ausschliessen. Pythagoreische Zahlentrippel, die keinen gemeinsamen Teiler haben, sollen „ursprüngliche" heissen, und solche, die einen gemeinsamen Teiler haben, wollen wir „abgeleitete“ nennen. Um alle ursprünglichen Tripel zu finden, beachte man zuerst, dass das Quadrat jeder geraden Zahl, durch 4 dividiert, den Rest null lässt, dass aber das Quadrat jeder ungeraden Zahl, durch 4 dividiert, den Rest 1 lässt. Denn:

$$(2n)^2 = 4 \cdot n^2$$

und $(2n + 1)^2 = 4n^2 + 4n + 1 = 4(n^2 + n) + 1.$

Hiernach können die beiden Kathetenzahlen y und z nicht beide ungerade sein. Denn dann müsste $y^2 + z^2$ bei der Division durch 4 den Rest $1 + 1 = 2$ lassen. Also müsste auch x^2 den Rest 2 lassen. Dies ist aber nicht möglich, weil nach dem Obigen eine Quadratzahl bei der Division durch 4 keinen andern Rest lassen kann, als 0 oder 1. Da die beiden Kathetenzahlen auch nicht beide gerade sein können, weil sie sonst einen gemeinsamen Teiler, nämlich 2, hätten, so bleibt nur übrig, dass die eine gerade, die andere ungerade ist. Es sei y die ungerade, z die gerade Kathetenzahl. Wenn wir also y^2 transponieren, also die vorliegende Gleichung in der Form:

$$x^2 - y^2 = z^2$$

schreiben, so erhalten wir rechts und links Zahlen, die durch 4 teilbar sind. Wir dividieren deshalb durch 4 und erhalten, da $x^2 - y^2 = (x + y)(x - y)$ ist:

$$\frac{x + y}{2} \cdot \frac{x - y}{2} = \left(\frac{z}{2}\right)^2.$$

Nun haben $\frac{x+y}{2}$ und $\frac{x-y}{2}$ keinen gemeinsamen Teiler. Wenn sie nämlich einen solchen hätten, so müsste ihn auch ihre Summe haben, und das ist x, es müsste ihn auch ihre Differenz haben, und das ist y. Also hätten x und y denselben gemeinsamen Teiler. Das ist aber unmöglich, da x, y, z als ein Zahlentripel ohne gemeinsamen Teiler vorausgesetzt ist. Hiermit ist bewiesen, dass $\frac{x+y}{2}$ und $\frac{x-y}{2}$ sich nicht beide durch eine und dieselbe Zahl dividieren lassen. Trotzdem soll aber ihr Produkt eine Quadratzahl sein, nämlich das Quadrat von $\frac{z}{2}$. Deshalb muss jeder der beiden Faktoren $\frac{x+y}{2}$ und $\frac{x-y}{2}$ selbst eine Quadratzahl sein. Die Zahl, deren Quadrat gleich $\frac{x+y}{2}$ ist, heisse v; die Zahl, deren Quadrat gleich $\frac{x-y}{2}$ ist, heisse w. Wir haben also:

$$\frac{x+y}{2} = v^2 \text{ und } \frac{x-y}{2} = w^2.$$

Durch Addition und Subtraktion dieser Gleichungen erhält man:

$$x = v^2 + w^2 \text{ und } y = v^2 - w^2.$$

Und da $z^2 = x^2 - y^2 = (v^2 + w^2)^2 - (v^2 - w^2)^2 = 2v^2 . 2w^2$ ist, so folgt drittens, dass $z = 2v . w$ ist. Wenn wir in den drei Gleichungen, die x, y, z durch v und w ausdrücken, für v und w irgend welche ganzen Zahlen einsetzen, so erhalten wir für x, y, z stets ganze Zahlen, die der pythagoräischen Gleichung

$$x^2 = y^2 + z^2$$

Genüge leisten. Damit dieselben auch positiv und ohne gemeinsamen Teiler werden, müssen wir v und w so wählen, dass dreierlei Bedingungen erfüllt werden: erstens $v > w$, zweitens v und w ohne gemeinsamen Teiler, drittens v und w nicht beide ungerade. Aus jedem Zahlen-Paar v und w, das diese Bedingungen erfüllt, ergeben sich durch die drei Gleichungen:

$$\left\{\begin{array}{l} x = v^2 + w^2 \\ y = v^2 - w^2 \\ z = 2 \,.\, v \,.\, w \end{array}\right\}$$

drei Zahlen x, y, z, die ein ursprüngliches pythagoräisches Zahlentripel bilden. Zugleich haben wir erkannt, dass kein solches Tripel existieren kann, das nicht auf diese Weise entstände. Wenn wir also

$$\left\{\begin{array}{l} v = 2 \\ w = 1 \end{array}\right\}, \left\{\begin{array}{l} v = 3 \\ w = 2 \end{array}\right\}, \left\{\begin{array}{l} v = 4 \\ w = 1 \end{array}\right\}, \left\{\begin{array}{l} v = 4 \\ w = 3 \end{array}\right\}, \left\{\begin{array}{l} v = 5 \\ w = 2 \end{array}\right\},$$

$$\left\{\begin{array}{l} v = 5 \\ w = 4 \end{array}\right\}, \left\{\begin{array}{l} v = 6 \\ w = 1 \end{array}\right\}, \left\{\begin{array}{l} v = 6 \\ w = 5 \end{array}\right\}$$ u. s. w. der Reihe nach

setzen, so erhalten wir ohne Ausnahme alle denkbaren ursprünglichen pythagoräischen Tripel bis zu beliebig grossen Zahlen. So sind in der folgenden Tabelle **alle** Tripel berechnet, in denen keine der drei Zahlen mehr Ziffern als zwei hat:

v =	2	3	4	4	5	5	6	6	7	7	7	8	8	8	9	9
w =	1	2	1	3	2	4	1	5	2	4	6	1	3	5	2	4
x =	5	13	17	25	29	41	37	61	53	65	85	65	73	89	85	97
y =	3	5	15	7	21	9	35	11	45	33	13	63	55	39	77	65
z =	4	12	8	24	20	40	12	60	28	56	84	16	48	80	36	72

Da von den Zahlen v und w immer die eine gerade, die andere ungerade sein muss, damit ein ursprüngliches Tripel entsteht, so muss die gerade Kathetenzahl, die ja gleich $2 \cdot v \cdot w$ ist, immer durch vier teilbar sein. Ferner muss die Hypotenusenzahl, da sie sich aus $v^2 + w^2$ ergiebt, durch vier geteilt, den Rest 1 lassen, woraus noch hervorgeht, dass, wenn sie selbst keine Primzahl ist, sie das Produkt von Primzahlen sein muss, die die Eigenschaft haben, durch 4 geteilt, den Rest 1 zu lassen. Dass immer $x + z$ und $x - z$ eine Quadratzahl sein muss, ergiebt sich ebenfalls aus den drei oben abgeleiteten Quellformeln.

Aus den in der obigen Tabelle zusammengestellten ursprünglichen Tripeln ergeben sich nun alle abgeleiteten, wenn man die drei Zahlen jedes Tripels mit jeder denkbaren Zahl multipliziert. Ferner erhält man alle rationalen Zahlen, die, als Maasszahlen der Seiten eines Dreiecks aufgefasst, zu rechtwinkligen Dreiecken führen, wenn man die drei Zahlen jedes Tripels mit jeder denkbaren, rationalen Zahl multipliziert. So folgt z. B. aus dem ursprünglichen Tripel 17, 15, 8 durch Multiplikation mit $\frac{5}{4}$ das rationale Tripel:

$$21\tfrac{1}{4},\ 18\tfrac{3}{4},\ 10.$$

Mit den pythagoräischen Zahlen-Tripeln, die zu rechtwinkligen Dreiecken führen, stehen die heronischen Zahlen-Tripel in engem Zusammenhang. Dieselben haben ihren Namen von Hero von Alexandrien, der um 150 vor Christi Geburt lebte, und den man mit Recht den Vater der Feldmesser genannt hat. Diesem Hero ist die wichtige Regel zu verdanken, durch welche man aus den Längen der drei Seiten eines Dreiecks zu dessen Inhalt gelangen kann. Nach dieser Regel hat man den halben Umfang des Dreiecks, der s heissen möge, um jede der drei Seiten a, b, c zu vermindern, die erhaltenen drei Differenzen mit einander und mit s zu multiplizieren, und aus dem erhaltenen Produkte von vier Faktoren die Quadratwurzel auszuziehen. Das dadurch erhaltene Resultat ergiebt den Inhalt. Wenn also z. B. die Seiten des Dreiecks 5, 6 und 7 Zentimeter lang sind, so ist s 9 Zentimeter lang, $s - a = 4$, $s - b = 3$ und $s - c = 2$. Folglich ist aus $9.4.3.2$ die Quadratwurzel auszuziehen. Dadurch erhält man $6\sqrt{6}$, was auf drei Dezimalstellen berechnet, 14,697 ergiebt. Also ist 14,697 Quadratzentimeter der Inhalt des Dreiecks, dessen Seiten 5, 6 und 7 Zentimeter lang sind. In diesem Beispiel war die Quadratwurzel irrational und konnte daher nur näherungsweise durch eine rationale Zahl dargestellt werden. Hero von Alexandrien aber gab ein Beispiel von drei ganzen Zahlen, bei dem die Quadratwurzel aufgeht, nämlich $a = 13$, $b = 14$, $c = 15$. Dies führt auf Quadratwurzel aus $(21 . 8 . 7 . 6)$ oder auf 84. Ein Dreieck also, dessen Seitenlängen durch die ganzen Zahlen 13, 14, 15 darstellbar sind, hat einen Inhalt, der durch die ganze Zahl 84 dargestellt wird. Es liegt daher nahe, eine Methode zu ersinnen, durch welche man zu allen möglichen Tripeln von ganzen Zahlen von solcher Beschaffenheit geführt wird, dass drei solche Zahlen, als Maasszahlen für die Seiten eines Dreiecks aufgefasst, zu einem Inhalt dieses Dreiecks führen, der auch durch eine ganze Zahl dargestellt wird. Hero zu Ehren, wollen wir solche Tripel von ganzen Zahlen heronische Tripel nennen. Um alle denkbaren heronischen Tripel zu finden, nehmen wir zunächst an, dass ein Dreieck drei rationale Seiten a, b, c und einen Inhalt I habe, der, bei Zugrundelegung einer beliebigen Maasseinheit, durch rationale Zahlen ausdrückbar sei. Dann müssen auch alle Höhen h durch rationale Zahlen darstellbar sein, weil jede Höhe gleich dem Quotienten des doppelten Inhalts und einer Seite ist. Ausserdem müssen auch alle Projektionen rational sein, weil sich dieselben nach dem verallgemeinerten pythagoräischen Lehrsatze rational durch die Seiten ausdrücken lassen; z. B. ist die Projektion der Seite b auf die Seite a gleich

$$\frac{b^2 + a^2 - c^2}{2 \cdot a}.$$

Hieraus folgt aber, dass jedes Dreieck, dessen Seiten und dessen Inhalt durch rationale Zahlen ausdrückbar sind, durch jede Höhe in zwei rechtwinklige Dreiecke zerlegt wird, deren Seiten auch durch rationale Zahlen darzustellen sind. Folglich muss man zu jedem möglichen Dreieck mit rationalen Seiten und rationalem Inhalt, dadurch gelangen, dass man auf alle mögliche Weise zwei rechtwinklige Dreiecke zusammensetzt, deren

Seiten rational sind. Aus jedem durch die Seiten eines solchen Dreiecks gelieferten Tripel erhält man dann durch geeignete Multiplikation ein heronisches Tripel. Auf diese Weise kann man also aus je zwei pythagoreischen Tripeln auf mehrfache Weise zu einem heronischen Tripel gelangen. So entsteht das obenerwähnte Beispiel des Hero von Alexandrien

13, 14, 15

dadurch, dass man die beiden pythagoräischen Tripel 13, 12, 5 und 5, 4, 3 zusammensetzt. Man denke sich 13 als Seite, 12 als Höhe, 5 als Projektion. Da beide rechtwinklige Dreiecke die eine Kathete, die Höhe werden soll, gemeinsam haben müssen, so hat man 4, 5, 3 mit 3 zu erweitern, was auf 15, 12, 9 führt. Setzt man nun zusammen, so erhält man zwei Seiten des gesuchten Dreiecks aus den Hypotenusen 13 und 15, die dritte Seite als Summe von 5 und 9, wie folgende Figur zeigt:

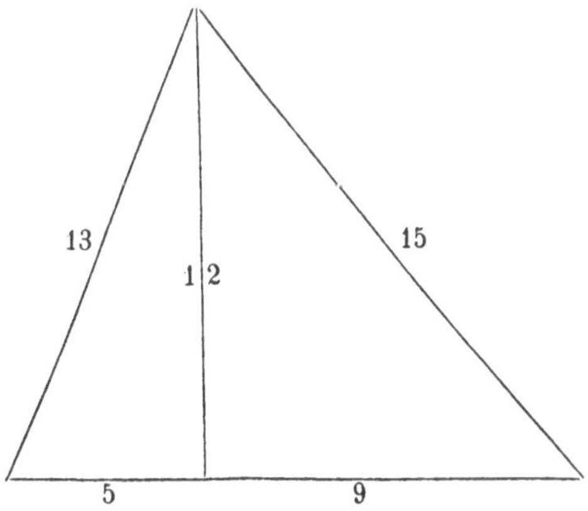

Hier erscheint das entstandene Dreieck als Summe der beiden rechtwinkligen Dreiecke, die es erzeugen. Es kann jedoch auch immer als Differenz erscheinen. Dann sind 13, 15, und $9 - 5 = 4$ die Zahlen des entstandenen heronischen Tripels. In der That geht auch hier die Quadratwurzel auf. Denn sie wäre zu ziehen aus dem Produkte $s(s-a)(s-b)(s-c) = 16 . 3 . 1 . 12 = 4^2 . 6^2$. Der Inhalt würde also 24, was auch aus $J = \frac{4 . 12}{2}$ hervorgeht.

Um zu zeigen, wie aus denselben beiden pythagoräischen Tripeln mehrere heronische Tripel entstehen können, betrachten wir 5, 3, 4 und 17, 15, 8. Aus 5, 3, 4 folgt 25, 15, 20. Daher erhalten wir das Tripel 17, 25, 28. Wenn wir aber mit 2 statt 5 erweitern, also 10, 6, 8 erhalten und mit 17, 15, 8 zusammensetzen, erhalten wir 10, 17, 21. Die beiden pythagoräischen Tripel 5, 3, 4 und 17, 15, 8 führen ferner durch Vermittelung von 40, 24, 32 und 51, 45, 24 zu dem heronischen Tripel 40, 51, 77. Endlich gelangt man noch durch Vermittelung von 75, 45, 60 und 68, 60, 32 zu 75, 68, 77. Man erkennt leicht, dass man von je zwei pythagoräischen Tripeln in dieser Weise immer zu vier heronischen Tripeln gelangt. Nimmt man z. B. 29, 21, 20 und 41, 9, 40 als Ausgangspunkt, so sind die daraus entstehenden heronischen Tripel die folgenden:

1) 58, 41, 51; 2) 87, 287, 340; 3) 1160, 861, 989;

4) 261, 820, 989.

Dazu gesellen sich noch die vier Tripel, bei denen die beiden nicht gleichgemachten Kathetenzahlen subtrahiert statt addiert werden.

Eine besondere Art von heronischen Tripeln sind diejenigen, bei denen zwei Zahlen gleich sind. Dieselben entstehen durch Zusammensetzung eines pythagoräischen Tripels mit sich selbst, und zwar erzeugt jedes pythagoräische Tripel zwei von solchen speziellen heronischen. Z. B.:

5, 3, 4 führt zu 5, 5, 6 und 5, 5, 8;

13, 5, 12 führt zu 13, 13, 10 und 13, 13, 24;

17, 15, 8 führt zu 17, 17, 30 und 17, 17, 16;

u. s. w. u. s. w.

§ 16.

Erschwerte Teilung.

Vielfach begegnet man in den Unterhaltungs-Zeitschriften Aufgaben, welche verlangen, eine Teilung unter besonderen erschwerenden Bedingungen vorzunehmen. Diese Aufgaben sind grösstenteils Varianten von Aufgaben, welche schon von Bachet in seinen „Problèmes plaisants et délectables" aufgestellt und gelöst sind. Eine derselben lautet z. B.: „Drei Personen haben sich 21 gleich grosse Fässer zu teilen, von denen 7 voll Wein, 7 halbvoll und 7 leer sind. Die Teilung ist so zu bewerkstelligen, dass jede Person sowohl gleichviel Fässer als auch gleichviel Wein erhält. Man findet leicht zwei Lösungen des Problems. Bezeichnet man die drei Personen mit A, B, C, ein volles Fass mit (1), ein halbvolles mit $(\frac{1}{2})$ und ein leeres mit (0), so lässt sich die erste Lösung kurz so angeben:

$$
\begin{aligned}
A&: 1 \,.\, (1) + 5 \,.\, (\tfrac{1}{2}) + 1 \,.\, (0);\\
B&: 3 \,.\, (1) + 1 \,.\, (\tfrac{1}{2}) + 3 \,.\, (0);\\
C&: 3 \,.\, (1) + 1 \,.\, (\tfrac{1}{2}) + 3 \,.\, (0).
\end{aligned}
$$

Die zweite Lösung lässt sich so schreiben:

$$\begin{aligned} A&: 2\,.\,(1) + 3\,.\,(\tfrac{1}{2}) + 2\,.\,(0);\\ B&: 2\,.\,(1) + 3\,.\,(\tfrac{1}{2}) + 2\,.\,(0);\\ C&: 3\,.\,(1) + 1\,.\,(\tfrac{1}{2}) + 3\,.\,(0). \end{aligned}$$

Wenn man bei der obigen Aufgabe 9 statt 7 setzt und die sonstigen Bedingungen beibehält, also verlangt, dass jede von drei Personen gleichviel Fässer und gleichviel Wein erhält, so ergeben sich drei Lösungen, die der Leser leicht finden wird.

Schwieriger werden solche Verteilungsaufgaben, wenn die Zahlen für die leeren, halbvollen und vollen Fässer nicht gleich sind. Beispielsweise nimmt Herr Labosne, der Herausgeber der vierten Auflage von Bachets „Problèmes", 24 Fässer an, von denen 5 voll, 8 leer und 11 halbvoll sind. In diesem Falle ergeben sich drei Lösungen, nämlich:

$$\begin{aligned} \text{I)}\ A&: 0\,.\,(1) + 7\,.\,(\tfrac{1}{2}) + 1\,.\,(0);\\ B&: 2\,.\,(1) + 3\,.\,(\tfrac{1}{2}) + 3\,.\,(0);\\ C&: 3\,.\,(1) + 1\,.\,(\tfrac{1}{2}) + 4\,.\,(0). \end{aligned}$$

$$\begin{aligned} \text{II)}\ A&: 1\,.\,(1) + 5\,.\,(\tfrac{1}{2}) + 2\,.\,(0);\\ B&: 2\,.\,(1) + 3\,.\,(\tfrac{1}{2}) + 3\,.\,(0);\\ C&: 2\,.\,(1) + 3\,.\,(\tfrac{1}{2}) + 3\,.\,(0). \end{aligned}$$

$$\begin{aligned} \text{III)}\ A&: 1\,.\,(1) + 5\,.\,(\tfrac{1}{2}) + 2\,.\,(0);\\ B&: 1\,.\,(1) + 5\,.\,(\tfrac{1}{2}) + 2\,.\,(0);\\ C&: 3\,.\,(1) + 1\,.\,(\tfrac{1}{2}) + 4\,.\,(0). \end{aligned}$$

Zu den Aufgaben der erschwerten Teilung gehören auch die sehr verbreiteten Erbteilungs-Aufgaben, von denen hier die folgende Platz finden soll: Ein Vater hinterlässt ein Testament, in dem festgesetzt ist, dass sein Vermögen unter seine sieben Kinder in folgender Weise verteilt werden soll. Das älteste Kind soll 100 Mark und den achten Teil des dann verbleibenden Restes erhalten. Dem zweiten Kinde soll darauf 200 Mark und der achte Teil des bleibenden Restes ausgezahlt werden, u. s. w. bis zum siebenten Kinde, das 700 Mark und den achten Teil des dann noch gebliebenen Restes erhalten soll. Auf diese Weise kam es, dass jedes der 7 Kinder gleichviel erhielt. Gefragt wird, wie gross das Vermögen beim Tode des Vaters war. Es ergiebt sich 4900 Mark. Man findet dieses Resultat, indem man die gesuchte Zahl x nennt und durch die Bedingung der Gleichheit aller Teile zu einer x enthaltenden Gleichung gelangt, die man dann für x zu lösen hat. Dass die Lösung 4900 ergeben muss, erkennt man aus der folgenden Probe:

$$1)\ 100 + \frac{4800}{8} = 700;$$

$$2)\ 200 + \frac{4000}{8} = 700;$$

$$3)\ 300 + \frac{3200}{8} = 700;$$

. . . .

$$7)\ 700 + \frac{0}{8} = 700.$$

Bei einer anderen Art von Erbteilungs-Problemen, die schon aus der römischen Kaiserzeit stammt, liegt die Erschwerung darin, dass ein Mann hofft, Vater zu werden, aber schon vor der Geburt seines Kindes lebensgefährlich erkrankt und deshalb eine testamentarische Bestimmung darüber trifft, wieviel von seinem Vermögen die Mutter und wieviel das erwartete Kind erhalten soll, je nachdem dasselbe männlich oder weiblich sein würde. Beispielsweise solle die Mutter 4 Teile und das Kind, wenn es männlich sein würde, 5 Teile des Vermögens erhalten; wenn jedoch eine Tochter geboren werden sollte, sollte die Mutter 3, die Tochter 2 Teile erhalten. Nun aber wird ein Zwillingspaar geboren, nämlich ein Sohn und eine Tochter. Die Frage entsteht nun, wie das Vermögen zu verteilen ist. Wenn man bei der testamentarischen Bestimmung als das Wesentliche das Verhältnis des Anteils m der Mutter zum Anteil s des Sohnes und zum Anteil t der Tochter auffasst, so hat man, um die Frage zu beantworten, die beiden Proportionen:

$$m : s = 4 : 5$$
$$m : t = 3 : 2$$

in eine einzige Proportion zu verschmelzen; wobei sich ergiebt:

$$m : s : t = 12 : 15 : 8.$$

Betrug also das Vermögen etwa 35000 Mark, so hatte die Mutter 12000 Mark, der Sohn 15000 Mark, die Tochter 8000 Mark zu erhalten. Dies ist die gewöhnlich gegebene Lösung des Problems. Sie ist jedoch sehr zu Ungunsten der Mutter. Wenn man nämlich aus der testamentarischen Bestimmung als letzten Willen des Erblassers herausliest, dass die

Mutter $\frac{4}{9}$ bezw. $\frac{3}{5}$ des Vermögens erhalten soll, je nachdem ein Sohn oder eine Tochter geboren würde, so kann man daraus schliessen, dass der Mutter mindestens $\frac{4}{9}$ zugedacht war. Dann müsste sie aber 15555 $\frac{5}{9}$ Mark erhalten. Folglich blieben zur Verteilung an das Zwillingspaar 19444 $\frac{4}{9}$ Mark übrig.

Nach dem Willen des Erblassers soll der Sohn $\frac{5}{4}$ des Anteils der Mutter, die Tochter $\frac{2}{3}$ des Anteils der Mutter bekommen, sodass das Verhältnis ihrer Anteile gleich $\frac{5}{4} : \frac{2}{3}$, d. h. 15 : 8 ist. Hiernach ist die nach Abzug des Anteils der Mutter übrig bleibende Geldsumme von 19444 $\frac{4}{9}$ Mark im Verhältnis 15 zu 8 teilen, d. h. es müsste der Sohn 12681 $\frac{33}{207}$ Mark, die Tochter 6763 $\frac{59}{207}$ Mark erhalten. Man sieht aus der Möglichkeit von zwei Lösungen des Problems, dass die testamentarische Bestimmung des Erblassers nicht genau genug gefasst war, indem dieselbe zwei verschiedene Auffassungen des letzten Willens zuliess.

Mathematisch interessanter sind diejenigen Verteilungsaufgaben, welche sich auf zwei Spieler beziehen, die, infolge eines am Weiterspiel hindernden Ereignisses, gezwungen sind, ihre Spiel-Serie zu unterbrechen, und deshalb Veranlassung nehmen, das eingezahlte Geld nach Maassgabe der Zahl der von jedem gewonnenen Spiele unter sich zu verteilen. Diese Aufgaben sind es gewesen, welche um 1650 Pascal und Fermat anregten, ein neues Gebiet der Mathematik zu schaffen, nämlich die jetzt im Versicherungswesen eine so wichtige Anwendung findende Wahrscheinlichkeitsrechnung. Wir beginnen mit einem einfachen Beispiele. Zwei Spieler A und B spielen mit gleicher Geschicklichkeit irgend ein auch vom Zufall abhängiges Spiel, sodass die Annahme berechtigt ist, dass die Wahrscheinlichkeit, das Spiel zu gewinnen, für beide gleich, also für jeden $\frac{1}{2}$ ist. Beide haben gleichviel Geld eingesetzt. Sie verabreden dann, dass den ganzen Einsatz derjenige erhalten soll, der zuerst 5 Spiele gewonnen hat. Nachdem aber A 4 Spiele, B 3 Spiele gewonnen hat, tritt ein Ereignis ein, das die Spielserie notwendiger Weise unterbricht. Die Frage entsteht nun, in welchem Verhältnis der Einsatz zu verteilen ist. Die Antwort lautet, dass A $\frac{3}{4}$ des Einsatzes, B $\frac{1}{4}$ desselben zukommt. Die Begründung ist folgende. Der Spieler B würde nur in dem Falle die Spielserie gewinnen, wenn er die beiden folgenden Spiele, also das achte und neunte gewänne. Dafür ist aber die Wahrscheinlichkeit gleich $\frac{1}{2}$ mal $\frac{1}{2}$ gleich $\frac{1}{4}$. Hieraus allein würde schon die mitgeteilte Antwort sich ergeben. Zur Bestätigung wollen wir jedoch auch für den Spieler die Wahrscheinlichkeit berechnen, die Spielserie zu gewinnen. A würde dieselbe in zwei Fällen gewinnen, erstens, wenn er das achte Spiel gewinnt, zweitens, wenn zwar das achte Spiel von B, das neunte aber von A gewonnen wird, woraus sich für A die Wahrscheinlichkeit

$$\frac{1}{2} + \frac{1}{2} \cdot \frac{1}{2} = \frac{3}{4}$$

ergiebt. Etwas schwieriger werden solche Aufgaben, wenn der Überschuss der verabredeten Anzahl der zu gewinnenden Spiele über die von A und von B vor Eintritt des Zwischenfalls wirklich gewonnenen Spiele grösser wird. Es wird genügen, wenn wir als zweites Beispiel annehmen, dass wiederum verabredet ist, die

Spielserie sei von dem gewonnen, der 5 Spiele gewonnen hat, und vor Eintritt des Zwischenfalls habe A drei Spiele, B ein Spiel gewonnen. Um bei diesem neuen Beispiel die für jeden der beiden Mitspieler günstigen Fälle recht deutlich uns vors Auge zu führen, bezeichnen wir mit a den Fall, dass A ein Spiel gewinnt, mit b den Fall, dass es B gewinnt, und setzen dann die Buchstaben b und a der Reihe nach zusammen, sodass z. B. das Symbol

a b b a

bedeuten soll, dass das nächste, also fünfte Spiel von A, das sechste und siebente von B, das achte von A gewonnen werde. Hiernach kann man die für A und die für B günstigen Fälle in folgender Weise schreiben:

Für A:	Für B:
1) a a	1) b b b b
2) a b a	2) b b b a b
3) a b b a	3) b b a b b
4) a b b b a	4) b a b b b
5) b a a	5) a b b b b
6) b a b a	
7) b a b b a	
8) b b a a	
9) b b b a	

Hiernach ergiebt sich für A die Wahrscheinlichkeit:

$$\frac{1}{4} + \frac{1}{8} + \frac{1}{16} + \frac{1}{32} + \frac{1}{8} + \frac{1}{16} + \frac{1}{32} + \frac{1}{16} + \frac{1}{16}$$

oder $\frac{26}{32} = \frac{13}{16}$.

Für B ergiebt sich:

$$\tfrac{1}{16} + \tfrac{1}{32} + \tfrac{1}{32} + \tfrac{1}{32} + \tfrac{1}{32}$$

oder $\frac{6}{32} = \frac{3}{16}$. Die Thatsache, dass die gefundenen Wahrscheinlichkeitsbrüche $\frac{13}{16}$ und $\frac{3}{16}$ zusammen die Zahl 1 ergeben, liefern eine Bestätigung der Rechnung. Bei diesem Beispiel würde also der Einsatz so zu verteilen sein, das A $\frac{13}{16}$ und B nur $\frac{3}{16}$ desselben bekommt.

Die allgemeine Fassung dieser Verteilungsaufgaben in der Weise, dass γ Spiele verabredet sind, von denen A schon α, B schon β gewonnen hat, dass A mit der Wahrscheinlichkeit p, B mit der Wahrscheinlichkeit 1 — p ein Spiel gewinnt, lässt sich mathematisch zwar vollkommen erledigen; jedoch würde die Mitteilung des ganz allgemeinen Resultats hier als zu kompliziert erscheinen.

§ 17.

Trugschlüsse.

Gleiches mit Gleichem verknüpft giebt Gleiches, wenn die Verknüpfung durch die drei Rechnungsarten Addition, Subtraktion und Multiplikation geschieht. Wenn aber die Verknüpfung durch Division geschieht, so ergiebt sich mit Notwendigkeit nur dann Gleiches, wenn die Divisoren von Null verschieden sind. Durch Nichtbeachtung der Bedingung, dass die Divisoren von Null verschieden sein müssen, ergeben sich Trugschlüsse, welche oft benutzt werden, um Scheinbeweise dafür zu liefern, dass zwei ungleiche Zahlen gleich sind, z. B., dass $5 = 7$ ist. Um Personen, die in der Arithmetik nicht hinreichend geschult sind, aufs Glatteis zu führen, muss man bei Vorführung solcher Scheinbeweise das Dividieren durch eine Zahl, die den Wert null hat, möglichst zu verdecken suchen. Wie dies geschehen kann, zeigt folgendes Beispiel:

Das $1\frac{1}{2}$-fache von b heisse a. Also $a = \frac{3}{2}b$, woraus durch Multiplikation mit 4 folgt:

$$4a = 6b,$$

oder, was dasselbe ist:

$$14a - 10a = 21b - 15b,$$

woraus durch Transponieren folgt:

$$15b - 10a = 21b - 14a.$$

Sondert man nun links 5, rechts 7 ab, so erhält man:

$$5(3b - 2a) = 7(3b - 2a).$$

Dividiert man diese Gleichung durch $3b - 2a$, so erhält man $5 = 7$.

Eine zweite Art von Trugschlüssen beruht auf der Doppeldeutigkeit der Quadratwurzel-Ausziehung. Wenn $x^2 = y^2$ ist, so folgt nicht mit Sicherheit, dass $x = y$ ist, sondern dass $x = +y$ oder auch $= -y$ ist. Was von beidem richtig ist, kann oft aus dem Zusammenhang, nicht aber ohne weiteres bestimmt werden. Wenn man z. B. $a^2 - 2ab + b^2 = b^2 - 2ab + a^2$ setzt, was unzweifelhaft richtig ist, da nur die Reihenfolge der Glieder geändert ist, so darf hieraus nicht geschlossen werden, dass $a - b = b - a$ ist, was ja zur Folge hätte, dass $a = b$ sein müsste. Wohl aber kann man schliessen, dass $a - b = +(b - a)$ oder $= -(b - a)$ sein muss, und bei diesem Beispiel ist nur $-(b - a) = a - b$ richtig. Auf dem hiermit gekennzeichneten Trugschluss beruht z. B. der folgende Beweis, dass $9 = 5$ ist. Es ist jedenfalls:

$$9 + 5 = 2 . 7,$$

also auch, da man mit $9 - 5$ beiderseits multiplizieren darf,

$$9^2 - 5^2 = 2 . 7 . 9 - 2 . 7 . 5,$$

woraus folgt:

$$9^2 - 2 . 9 . 7 = 5^2 - 2 . 5 . 7.$$

Man addiere nun beiderseits 7^2. Dann kommt:

$$9^2 - 2 . 9 . 7 + 7^2 = 5^2 - 2 . 5 . 7 + 7^2.$$

Wenn man nun hieraus durch beiderseitige Quadratwurzel-Ausziehung den Schluss zieht:

$$9 - 7 = 5 - 7$$

und dann rechts und links 7 addiert, so erhält man $9 = 5$.

3. Drittens kann man auch durch eine geometrische Täuschung beweisen, dass zwei ungleiche Zahlen gleich sind. Am meisten verbreitet ist der folgende Scheinbeweis, dass $64 = 65$ ist. Man zerlege ein Quadrat von 8 mal 8 kongruenten quadratischen Feldern so wie die folgende Figur zeigt:

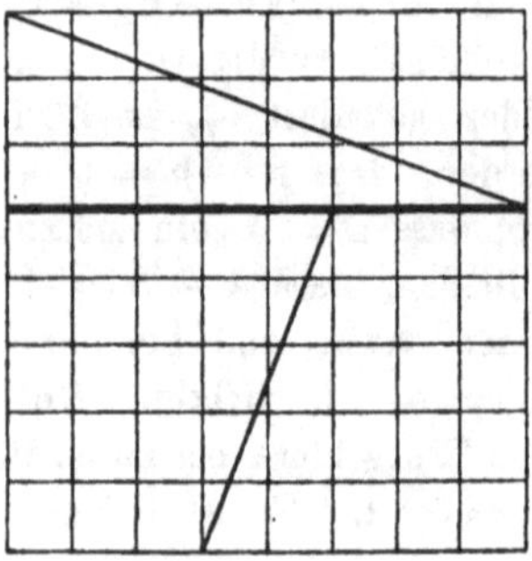

Dadurch entstehen zwei kongruente rechtwinklige Dreiecke, deren Katheten 3 und 8 kleine Quadratseiten enthalten, sowie zwei kongruente Trapeze, von denen drei Seiten 5, 5 und 3 Quadratseiten enthalten und zwei rechte Winkel einschliessen. Man kann demnach jedes rechtwinklige Dreieck mit einem Trapeze zu einem neuen grossen rechtwinkligen Dreieck zusammensetzen, dessen Katheten 5 und 5 + 8 Quadratseiten enthalten. So entstehen zwei derartige grosse rechtwinklige Dreiecke, die sich zu einem Rechteck mit den Seiten 5 und 13 zusammensetzen lassen, wie folgende Figur zeigt:

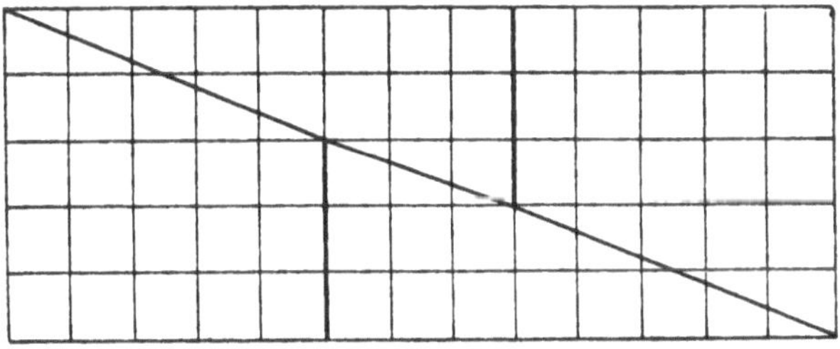

Die ursprünglichen 64 Quadrate sind also hier zu 65 ebenso grossen Quadraten geworden, woraus folgt, dass 64 = 65 ist. Die Täuschung beruht hier darauf, dass man in der zweiten Figur die zwei entgegengesetzte Ecken verbindende Linie für eine ungebrochene gerade Linie hält. Sie kann jedoch nicht ungebrochen sein, weil sonst nach dem Proportionallehrsatze 3 : 5 wie 8 : 13 sein müsste, was nicht richtig ist, da $\frac{3}{5} = \frac{39}{65}$ und $\frac{8}{13} = \frac{40}{65}$ ist. Dadurch kommt es, dass die beiden entgegengesetzten Ecken mit den beiden Eckpunkten, die scheinbar auf ihrer Verbindungslinie liegen, ein Parallelogramm bilden, das sehr langgestreckt ist, und dessen Inhalt gerade die Grösse eines quadratischen Feldes hat.

Wie eben das Quadrat behandelt ist, das aus 8 mal 8 quadratischen Feldern besteht, so lässt sich auch jedes Quadrat behandeln, das aus n mal n solchen Feldern besteht, wenn n eine der Zahlen.

1, 2, 3, 5, 8, 13, 21, 34, 55, 89, ...

ist. Diese Zahlenreihe entsteht, wenn man, von 1 und 2 ausgehend, jede folgende Zahl gleich der Summe der beiden vorhergehenden setzt. Diese Zahlen sind die Zähler und Nenner der Näherungswerte des periodischen Kettenbruchs, dessen Periode 1 ist, und der das irrationale Verhältnis des goldenen Schnitts darstellt. Die beiden einer dieser Zahlen vorangehenden Zahlen geben an, in welchem Verhältnis das Quadrat geteilt werden muss. Dies war bei 8 mal 8 das Verhältnis 3 zu 5. Bei 13 mal 13 Feldern müsste man im Verhältnis 5 zu 8 teilen, und würde auf ganz analoge Weise, wie oben 64 = 65 bewiesen wurde, 169 = 168 beweisen können. Dann käme 21 mal 21 gleich 13 mal 34 u. s. w. Immer zeigt sich, dass die Strecke, die der Getäuschte für eine gerade Linie enthält, ein langgestrecktes Parallelogramm ist, das den Inhalt eines quadratischen Feldes hat, und um das der Inhalt des entstandenen Rechtecks zu vermindern oder zu vermehren ist, um den Inhalt des ursprünglichen Quadrats zu ergeben.

Zu ähnlichen geometrischen Täuschungen kann man gelangen, wenn man von zwei beliebigen aufeinanderfolgenden Näherungswerten eines Kettenbruchs ausgeht. Wenn nämlich $\frac{a}{b}$ und $\frac{c}{d}$ aufeinanderfolgende Näherungswerte eines Kettenbruchs sind, so unterscheiden sich die Produkte a mal d und b mal c nur um eins.

So sind z. B. $\frac{7}{24}$ und $\frac{9}{31}$ aufeinanderfolgende Näherungswerte, die zu einem Scheinbeweise dafür, dass $216 = 217$ ist, Veranlassung geben können. Man geht von einem Rechteck mit 9 mal 24 quadratischen Feldern aus und zerlegt dasselbe so, wie die folgende Figur zeigt:

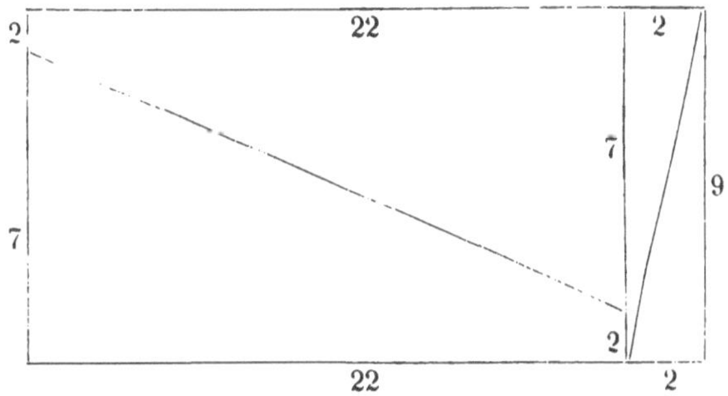

Die vier Teile lassen sich dann scheinbar zu dem folgenden Rechteck zusammensetzen:

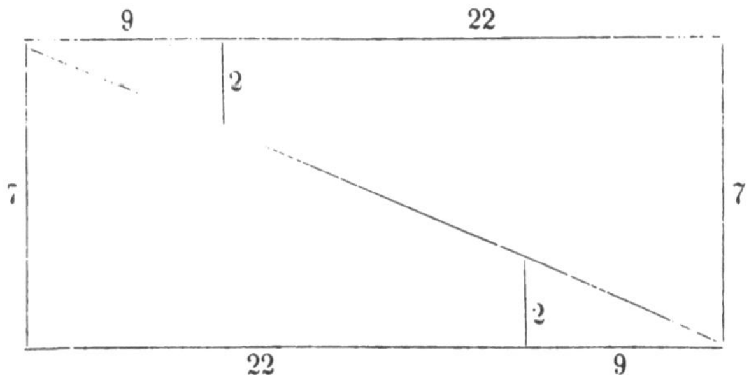

So scheint es, als wenn 9 mal 24 oder 216 quadratische Felder denselben Inhalt haben, wie 7 mal 31 oder 217 ebenso grosse quadratische Felder.

Eine vierte Art von Trugschlüssen beruht darauf, dass man eine Summe von unendlich vielen Zahlen für unendlich gross hält. Allerdings ist eine Summe von unendlich vielen positiven ganzen Zahlen unendlich gross, d. h. bei hinreichend fortgesetzter Addition kann man es erreichen, dass die Summe grösser wird, als jede gewünschte noch so grosse Zahl. Auch eine Summe von lauter Brüchen, die sämtlich kleiner als 1 sind, und von denen jeder folgende kleiner als der vorhergehende ist, kann unendlich gross werden, wie z. B.:

$$\tfrac{1}{2}+\tfrac{1}{3}+\tfrac{1}{4}+\tfrac{1}{5}+\tfrac{1}{6}+\tfrac{1}{7}+\cdots$$

Dass diese Summe der reziproken Werte aller ganzen Zahlen von 2 an aufwärts, grösser als jede gewünschte Zahl wird, wenn man nur die Summierung hinreichend weit fortsetzt, kann auf folgende Weise erkannt werden. Man schliesse $\frac{1}{2}$, dann $\frac{1}{3}+\frac{1}{4}$, dann $\frac{1}{5}+\frac{1}{6}+\frac{1}{7}+\frac{1}{8}$, dann die Summe von $\frac{1}{9}$ bis $\frac{1}{16}$ u. s. w. in eine Klammer ein. Dann ist die Zahl in der ersten Klammer gleich $\frac{1}{2}$, der Wert der Summe in der zweiten Klammer grösser als $\frac{1}{2}$, weil $\frac{1}{3}>\frac{1}{4}$ ist, der Wert der Summe in der dritten Klammer grösser als $\frac{1}{2}$, weil $\frac{1}{5}>\frac{1}{8}$, $\frac{1}{6}>\frac{1}{8}$, $\frac{1}{7}>\frac{1}{8}$ ist, u. s. w. So erhält man, dass die Summe aller Brüche in den ersten a Klammern grösser als $\frac{1}{2}$ mal a sein muss. Will man also, dass die Summe grösser werden soll, als die beliebig gross angenommene Zahl b, so hat man nur 2 mal b Klammern zur Addition zu verwenden, d. h. man hat die Summation der Brüche $\frac{1}{2}$, $\frac{1}{3}$, $\frac{1}{4}$, $\frac{1}{5}$ u. s. w. bis zum Bruche $\frac{1}{2^{2b}}$ fortzusetzen. Dann kann man sicher sein, eine Summe zu erhalten, die noch grösser als b ist.

Wenn man aber Brüche addieren soll, von denen jeder der c-te Teil des vorhergehenden ist, so bleibt man bei fortgesetzter Addition immer unterhalb einer gewissen angebbaren Grenze, die man nie überschreiten kann, wie weit man auch die Summation fortsetzen mag, obwohl man dieser Summe sich fortgesetzt nähert. Ein bekanntes Beispiel bietet die Reihe:

$$1 + \frac{1}{2} + \frac{1}{4} + \frac{1}{8} + \frac{1}{16} + \frac{1}{32} + \cdots$$

Nimmt man nur drei Glieder zur Addition, so erhält man $1\frac{3}{4}$. Fügt man dann noch immer 1 Glied hinzu, so erhält man $1\frac{7}{8}$, $1\frac{15}{16}$, $1\frac{31}{32}$, $1\frac{63}{64}$ u. s. w. Man erkennt leicht, dass die erhaltenen Summen die Zahl Zwei als Grenze haben, d. h., dass sie zwar immer kleiner als 2 bleiben, aber doch sich der Zahl Zwei immer mehr nähern. Dieses Beispiel lehrt also, dass die Summe von unzählig vielen Brüchen nicht unendlich gross zu sein braucht, sondern auch einer angebbaren endlichen Zahl, in unserem Beispiel der Zahl Zwei, unendlich nahe kommen kann. Auf Nichtbeachtung dieser Wahrheit beruht auch der Trugschluss des Zenon von Elea (Aristoteles, Physica, liber VI, Kapitel 9), der so ausgesprochen werden kann. Achilleus verfolgte eine Schildkröte, die ihm ein Stadium voraus war, mit einer Geschwindigkeit, die zehnmal so gross ist, als die der Schildkröte. Zenon behauptet: Achilleus wird die Schildkröte nie einholen. Denn während er das erste Stadium durchläuft, legt die Schildkröte $\frac{1}{10}$ des zweiten Stadiums zurück; und, während er dieses durchläuft, ist die Schildkröte um $\frac{1}{100}$ Stadium weitergekrochen. Als Achilleus auch diese Strecke zurückgelegt hat, hat sich das Tier um $\frac{1}{1000}$ Stadium vorwärts bewegt, u. s. w. Man erkennt, dass der Weg des Achilleus aus einer Summe von unzählig vielen Wegen besteht, von denen aber jeder der zehnte Teil des vorhergehenden ist. Eine solche Summe ist aber eine endliche. Achilleus durchläuft nämlich nicht mehr Stadien, als die Summe:

$$1 + \frac{1}{10} + \frac{1}{100} + \frac{1}{1000} + \cdots$$

angiebt, und dies ist $1\frac{1}{9}$ Stadium. Ebenso ergiebt sich, dass der Weg der Schildkröte

$$\frac{1}{10} + \frac{1}{100} + \frac{1}{1000} + \cdots = \frac{1}{10} \cdot \frac{1}{1 - \frac{1}{10}}$$

als $\frac{1}{9}$ Stadium, beträgt. Auch die Zeit, die Achilleus zum Einholen braucht, ergiebt sich als eine Summe von unzählig vielen Zeiträumen, von denen jeder der zehnte Teil des vorhergehenden ist. Betrachtet man nämlich die Zeit, die Achilleus zum Durchlaufen des ersten Stadiums gebraucht, als Zeiteinheit, so verbraucht er sowohl wie die Schildkröte soviel Zeiteinheiten, wie die folgende Summe angiebt:

$$1 + \frac{1}{10} + \frac{1}{100} + \frac{1}{1000}$$

und dies ist $1\frac{1}{9}$.

II. Abschnitt.

Anordnungs-Probleme.

§ 18.

Das Problem der 15 Christen und der 15 Türken.

Dieses Problem gab Bachet in der zweiten Auflage seiner „Problèmes plaisants“ (Lyon, 1624) in folgender Form auf: „Auf einem Schiffe befanden sich 15 Christen und 15 Türken. Als ein gewaltiger Sturm sich erhoben hatte und das Schiff schon dem Untergang geweiht schien, erklärte der Kapitän, dass, wenn 15 von den 30 auf dem Schiffe befindlichen Personen über Bord geworfen würden, das Schiff und das Leben der übrigen 15 Personen gerettet werden könnte. Diesem Rate wollte man Folge leisten. Man kam überein, diejenigen 15, welche sich für die übrigen opfern sollten, auf folgende Weise zu bestimmen. Alle 30 Personen sollten sich in eine Reihe stellen, dann sollte wiederholt von 1 bis 9 gezählt werden, und immer derjenige über Bord geworfen werden, auf den die Zahl 9 fiel. Dabei sollte der erste als auf den letzten folgend angesehen werden, und nach jedesmaliger Ausscheidung des 9ten sollte bei der in der Reihe zunächst folgenden Person das Zählen von 1 bis 9 von neuem beginnen. Welche Plätze mussten die 15 Christen einnehmen, um zu erreichen, dass sie selbst sämtlich verschont blieben und gerade die 15 Türken ins Meer zu werfen waren?“ Dieselbe Aufgabe befindet sich auch vor Bachet bei Tartalea, und später mit verschiedenen Varianten in Zeitschriften, die mathematische Unterhaltungs-Aufgaben enthalten. Die Lösung kann man durch Probieren leicht finden, wenn man sich 30 Striche macht, dann immer von 1 bis 9 zählt, jeden Strich, auf den die Zahl 9 trifft, irgendwie kennzeichnet und beim Weiterzählen nicht versäumt, die so gekennzeichneten Striche zu überspringen. Auf solche Weise findet man die folgende Lösung des Problems:

I I I I T T T T T I I T I I I

T I T T I I T T T I T T I I T

Dies heisst, dass aufeinanderfolgen müssen:

4 Christen, 5 Türken, 2 Chr., 1 T., 3 Chr., 1 T., 1 Chr., 2 T., 2 Chr., 3 T., 1 Chr., 2 T., 2 Chr., 1 T. Bachet fügte dieser Lösung auch ein mnemotechnisches Hilfsmittel bei, nämlich den Vers:

Mort, tu ne falliras pas,
En me livrant le trépas!

Achtet man nur auf die Vokale dieses Verses, so hat man die Reihenfolge o, u, e, a, i, a, a, e, e, i, a, e, e, a, wo man für a als den ersten Vokal des Alphabets 1, für e 2, für i 3, für o 4, für u 5 zu setzen hat, um zu erkennen, wieviel Christen und wieviel Türken immer abwechseln müssen. Ozanam gab einen lateinischen Vers, der in derselben Weise die Lösung kennzeichnet, nämlich:

„Populeam virgam mater regina ferebat."

Ball gab in seinen „Recreations" den folgenden englischen Merk-Vers für die Lösung des Problems:

„From numbers' aid and art
Never will fame depart!"

Ein deutscher Merk-Vers lautet:

„Gott schlug den Mann in Amalek,
Den Israel bezwang!"

Tartalea teilte bei seiner Erörterung des Problems auch die Lösungen der Aufgaben mit, die entstehen, wenn man irgend eine der zehn Zahlen von 3 bis 12 statt 9 einsetzt, und zwar gab er jede der zehn Lösungen durch einen italienischen Vers wieder, der, wie die obigen Verse, durch die Nummern der darin auftretenden Vokale die zu bildende Reihenfolge liefert.

Im Laufe der Zeit hat das Problem manche das Wesen der Sache nicht ändernde Varianten erfahren. In Freunds Rätselschatz (Reklam 1885) sind zwei Varianten aufgeführt. Erstens sind an die Stelle der 30 Schiffbrüchigen 30 Deserteure getreten, von denen 15 erschossen und 15 begnadigt werden sollen. Zweitens sind an die Stelle der 15 Christen und 15 Türken 16 Weisse und 16 Neger getreten, die auch zusammen Schiffbruch erlitten haben, und von denen die 16 Neger zu opfern sind, und zwar dadurch, dass nicht der jedesmalige Neunte, sondern der jedesmalige Zehnte über Bord geworfen werden soll. Fasst man als das Wesentliche des Problems nur dies auf, dass n Personen so anzuordnen sind, dass bei Entfernung immer desjenigen, der beim Abzählen als d-ter erscheint, gewisse im voraus bezeichnete Personen übrig bleiben, so lässt sich das Problem noch vor Tartalea weiter zurückverfolgen. Es kommt nämlich dann schon in der Schrift des Hegesippus „De bello Judaico" vor, und zwar im 16ten bis 18ten Kapitel des dritten Buches. Dort wird nämlich erzählt, dass nach der Zerstörung Jerusalems der berühmte jüdische Schriftsteller Josephus sich mit 40 andern Juden in einen Keller geflüchtet hatte, von denen alle, ausgenommen Josephus selbst und einer seiner Freunde, sich selbst töteten, und dass dies auf folgende Weise zugegangen sei. Alle, ausser Josephus und seinem Freunde, erklärten, dass sie lieber sterben, als den Siegern in die Hände fallen wollten. Josephus, der sich scheute, seine Absicht, leben zu bleiben, zu offen auszusprechen, schlug vor, dass die Tötung in einer gewissen Ordnung sich vollziehe. Sie möchten sich alle in eine Reihe stellen und dann solle der jedesmalige Dritte sich selbst den Tod geben, wobei der erste als auf den letzten folgend anzusehen sei. Der Vorschlag wurde angenommen und dadurch, dass Josephus sich auf den 31ten Platz und seinen Freund auf den 16ten Platz stellte, rettete er sein eigenes und seines Freundes Leben, weil von den 41 Personen die übrigen 39 sich, dem angenommenen Vorschlage gemäss, schon vorher getötet hatten, ehe die Abzählung unter den letzten beiden zu beginnen hatte. Die scheint das älteste Vorkommen des Problems zu sein.

Obwohl das Problem unter uns immer wieder von neuem auflebt, indem die Kinder nicht durch Losen, sondern durch Abzählen denjenigen oder diejenigen bestimmen, welche bei irgend einem Spiele eine besondere Rolle spielen sollen, so hat das Problem dennoch niemals eine mathematische Behandlung erfahren, bis der Verfasser dieses Buches eine solche in der „Naturwissenschaftlichen Wochenschrift“ und in den „Mitteilungen der Mathematischen Gesellschaft in Hamburg“ vor einigen Jahren veröffentlichte. Die wichtigsten Resultate dieser mathematischen Untersuchungen sollen hier Platz finden.

Das Problem lässt sich in verallgemeinerter Form aussprechen, wie folgt:

Auf einer Kreisperipherie liegen n Punkte, die, der Reihe nach, im Sinne eines Uhrzeigers, durch die Zahlen 1, 2, 3, ... n — 1, n bezeichnet sind. Man zählt, mit Punkt 1 beginnend, der Reihe nach die Punkte bis zur Zahl d. Der Punkt, den die Zahl d trifft, wird ausgestrichen. Bei der in der Reihe nächstfolgendem Punkte beginnt man wieder zu zählen, und zwar wieder von 1 bis d. Der Punkt, den jetzt die Zahl d trifft, wird auch ausgestrichen, und so setzt man dieses Verfahren fort, bis alle Punkte ausgestrichen sind, wobei man nie versäume, die ausgestrichenen Punkte beim Zählen zu überspringen. Es soll berechnet werden, welche Nummer der Punkt hat, der als erster, welche, der als zweiter, und überhaupt welche Nummer x der Punkt hat, der als e-ter Punkt ausgestrichen wird. Naturgemäss sind n, d, e positive Zahlen. Auch kann d kleiner, gleich oder grösser als n sein. Die Zahl e kann natürlich nicht grösser als n sein. Fragt man, welcher Punkt als letzter ausgestrichen wird, so hat man $e = n$ zu setzen.

Zunächst ergiebt sich sehr einfach, dass, wenn man die gesuchte Nummer des ausgestrichenen Punktes immer mit x bezeichnet, $x = d$ wird, wenn $e = 1$ und n nicht kleiner als d ist. Wenn ebenfalls $e = 1$, aber $n < d$ ist, so ist x gleich dem Reste, der übrig bleibt, wenn man d durch n dividiert. Dies ist aus der Art des Abzählens unmittelbar ersichtlich. Damit sind für $e = 1$ alle Zahlen x bestimmt. Was die Zahlen für $e = 2$ angeht, so fand der Verfasser, dass dieselben aus denen für $e = 1$ dadurch hervorgehen, dass man die letzteren um d wachsen lässt; wenn man dabei auf eine Zahl stösst, die grösser als n ist, so hat man n einmal oder öfter zu subtrahieren, bis eine Zahl herauskommt, die nicht grösser, als n ist. Doch ergiebt sich auf solche Weise aus einer für $e = 1$ richtigen Zahl diejenige für $e = 2$ richtige Zahl, welche sich auf eine um 1 grössere Anzahl von Punkten, also auf $n + 1$ Punkte, bezieht. Z. B. ist für $d = 3$, $e = 1$, $n = 3$ die gesuchte Zahl x auch gleich 3. Aus $x = 3$ folgt nun die auf $d = 3$, $e = 2$, $n = 4$ richtige Zahl, indem man d, also hier 3, hinzufügt. Dies giebt 6. Da aber 6 grösser als 4 ist, so soll man 4 abziehen, wodurch man die Zahl 2 erhält. Dies heisst, dass, wenn man bei vier Punkten immer von 1 bis 3 zählt, die als zweite ausgestrichene Zahl ursprünglich die zweite Stelle einnahm, was man auch leicht durch den Versuch erkennt. Mathematisch lässt sich das vom Verfasser gefundene Gesetz, das die Zahlen für $n+1$ und $e+1$ auf die Zahlen für d und e zurückführt, in folgender Weise aussprechen. Das Funktionszeichen f bezeichne die Abhängigkeit der Zahl x von den Zahlen n, d, e. Ferner bezeichne $a \equiv r \pmod{n}$, dass, wenn a durch n dividiert wird, der Rest r bleibt, wo r eine der Zahlen von 1 bis n sein muss. Dann lautet unser Gesetz:

$$d + f(n, d, e) \equiv f(n+1, d, e+1) \pmod{n}.$$

Als Beispiel folgen hier alle Zahlen x für $d = 3$, $d = 4$ und $d = 9$ tabelarisch zusammengestellt. Da man immer nur d zu addieren hat und die Summe entweder gar nicht oder um n, oder um 2n u. s. w. zu vermindern hat, so kann man solche Tabellen, ohne Nebenrechnung aus dem Kopfe entwickeln. Die aufeinanderfolgenden Kolumnen beziehen sich auf die Werte von e, die Zeilen auf die Werte von n. Die Addition von d erfolgt in den schrägen Reihen von oben links nach unten rechts. Bei diesen Tabellen beachte man den wichtigen Umstand, dass immer die n Zahlen, die in derselben Zeile mit n stehen, alle Zahlen von 1 bis n umfassen müssen, so dass nie eine solche horizontale Reihe dieselbe Zahl zweimal zeigen kann. Hierdurch ist eine wichtige Kontrolle bei der allmählichen Berechnung der Tabelle gegeben.

Erste Tabelle:

d = 3.

n	e = 1	2	3	4	5	6	7	8	9	10	11	12	.
1	1												.
2	1	2											.
3	3	1	2										.
4	3	2	4	1									.
5	3	1	5	2	4								.
6	3	6	4	2	5	1							.
7	3	6	2	7	5	1	4						.
8	3	6	1	5	2	8	4	7					.
9	3	6	9	4	8	5	2	7	1				.
10	3	6	9	2	7	1	8	5	10	4			.
11	3	6	9	1	5	10	4	11	8	2	7		.
12	3	6	9	12	4	8	1	7	2	11	5	10	.
.	.	.	.	.	.	.	.	.	.	.	.	.	.

Setzt man die dritte Tabelle bis n = 30 fort, so ergiebt die letzte Zeile die Lösung der ursprünglichen Form unseres Problems, bei der n = 30 und e eine der Zahlen 1 bis 15 ist. Man erkennt dann auch, in welcher Reihenfolge die 15 Türken über Bord geworfen werden. Bei Fortsetzung der Tabelle würden nämlich in die Zeile, die sich auf n = 30 bezieht, die folgenden Zahlen kommen:

Zweite Tabelle:

d = 4.

n	e = 1	2	3	4	5	6	7	8	9	10	11	12	.
1	1												.
2	2	1											.
3	1	3	2										.
4	4	1	3	2									.
5	4	3	5	2	1								.
6	4	2	1	3	6	5							.
7	4	1	6	5	7	3	2						.
8	4	8	5	2	1	3	7	6					.
9	4	8	3	9	6	5	7	2	1				.
10	4	8	2	7	3	10	9	1	6	5			.
11	4	8	1	6	11	7	3	2	5	10	9		.
12	4	8	12	5	10	3	11	7	6	9	2	1	.
.	.	.	.	.	.	.	.	.	.	.	.	.	.

9, 18, 27, 6, 16, 26, 7, 19, 30, 12, 24, 8, 22, 5, 23, 11, 29, 17, 10, 2, 28, 25, 1, 4, 15, 13, 14, 3, 20, 21.

Die dritte Tabelle löst alle Fragen, die sich auf d = 9 beziehen. Wenn z. B. in einer Klasse von 14 Schülern derjenige, der irgend ein Amt übernehmen soll, dadurch bestimmt wird, dass immer der jedesmalige Neunte ausscheidet und der zuletzt übrig

Dritte Tabelle:

$d = 9.$

n	e = 1	2	3	4	5	6	7	8	9	10	11	12	13	14	15	16	17	.
1	1																	.
2	1	2																.
3	3	1	2															.
4	1	4	2	3														.
5	4	5	3	1	2													.
6	3	1	2	6	4	5												.
7	2	5	3	4	1	6	7											.
8	1	3	6	4	5	2	7	8										.
9	9	1	3	6	4	5	2	7	8									.
10	9	8	10	2	5	3	4	1	6	7								.
11	9	7	6	8	11	3	1	2	10	4	5							.
12	9	6	4	3	5	8	12	10	11	7	1	2						.
13	9	5	2	13	12	1	4	8	6	7	3	10	11					.
14	9	4	14	11	8	7	10	13	3	1	2	12	5	6				.
15	9	3	13	8	5	2	1	4	7	12	10	11	6	14	15			.
16	9	2	12	6	1	14	11	10	13	16	5	3	4	15	7	8		.
17	9	1	11	4	15	10	6	3	2	5	8	14	12	13	7	16	17	.

bleibende Schüler das Amt bekommt, so kann man ersehen, dass es der 6te der Klasse ist, weil die Tabelle für $n = 14$, $e = 14$ die Zahl 6 liefert.

Die bisher auseinandergesetzte Methode, um bei gegebenen Zahlen d, n, e das zugehörige x zu finden, verlangt, dass man erst die Zahlen x für alle Werte, die kleiner als n sind, berechnet, ehe man die auf n selbst bezüglichen x erkennen kann. Es fragt sich nun, ob nicht die Mathematik Mittel liefert, um direkt aus den gegebenen Zahlen d, n, e das zugehörige $x = f\ (n,\ d,\ e)$ zu finden. Dies ist in der That möglich. Um die Lösung des Problems der direkten Ermittelung der Zahl x aus n, d, e verständlich zu machen, müssen wir einige Erklärungen vorangehen lassen. Eine geometrische Reihe ist bekanntlich eine Reihe von Zahlen, bei denen jede folgende aus der unmittelbar vorhergehenden entsteht, indem man diese mit einer und derselben Zahl, dem *konstanten Quotienten* der Reihe, multipliziert. So ist

$$1,\ 2,\ 4,\ 8,\ 16,\ 32$$

eine geometrische Reihe, deren Anfangsglied 1 und deren konstanter Quotient 2 ist. So ist ferner

$$16,\ 20,\ 25,\ 31\tfrac{1}{4},\ 39\tfrac{1}{16}$$

eine geometrische Reihe mit dem Anfangslied 16 und dem konstanten Quotienten $\frac{5}{4}$. Ist der konstante Quotient keine ganze Zahl, sondern ein Bruch, so müssen auch die Glieder der Reihe entweder sofort oder später gebrochene Zahlen werden, gleichviel wie das Anfangsglied heisse. Wenn man nun in diesem Falle, sobald ein Bruch entsteht, immer die *nächst grössere ganze* Zahl dafür setzt, und dann auch diese ganze Zahl mit dem konstanten Quotienten multipliziert, um das nächste Glied zu erhalten, so bekommt man eine Reihe von lauter ganzen Zahlen, die natürlich nicht mehr eine genaue geometrische Reihe darstellt, und die wir eine ganzzahlige Reihe nennen wollen. Um diese Erklärung zu verdeutlichen, folgen hier einige ganzzahliger Reihen, bei denen immer das Anfangsglied a und der konstante Quotient q genannt ist:

1. $a = 1, q = \frac{4}{3}$ giebt: 1, 2, 3, 4, 6, 8, 11, 15, 20, 27, . .

2. $a = 10, q = \frac{11}{10}$ giebt: 10, 11, 13, 15, 17, 19, 21, 24, 27, . .

3. $a = 25, q = \frac{6}{5}$ giebt: 25, 30, 36, 44, 53, 64, 77, 93, . .

Nach Feststellung des Begriffs der ganzzahligen Reihe lässt sich das Resultat des Verfassers bezüglich einer direkteren Ermittelung des Wertes von $x = f(n, d, e)$ aus gegebenen Werten von a, n, d, e darstellen, wie folgt:

„Man subtrahiere e von n, multipliziere die Differenz mit d und addiere dann 1. Die so erhaltene Zahl nehme man als Anfangsglied einer ganzzahligen Reihe, als deren Quotient man $\frac{d}{d-1}$ zu nehmen hat. Dann bestimme man in dieser Reihe das grösste von allen Gliedern, die noch nicht grösser als d mal n sind. Der um 1 vermehrte Unterschied zwischen dem so bestimmten Gliede und dem eben genannten Produkte ist stets die genaue Platznummer x.“ Hierzu die folgenden Beispiele:

1. $d = 3, n = 14, e = 13$. Man hat also 14 Punkte, zählt immer bis 3 und fragt welcher Punkt als vorletzter ausgestrichen wird. Das Anfangsglied ist $d(n-e)+1 = 3.(14-13)+1 = 4$. Der konstante

Quotient ist $\frac{d}{d-1} = \frac{3}{3-1} = \frac{3}{2}$, das Produkt d . n, das grösser sein muss, als das zu wählende Glied der ganzzahligen Reihe, ist 3 . 14 = 42. Die Reihe beginnt also mit 4, 6, . . . und ist fortzusetzen, bis 42 überschritten wird, Also:

4, 6, 9, 14, 21, 32, 48.

Da 48 schon grösser als 42 ist, so ist 32 das grösste Glied, das d . n nicht überschreitet. Nun ist zu rechnen n — 32 + 1 = 42 — 32 + 1 = 11. Also scheidet der 11. Punkt als vorletzter aus. Dies ergiebt sich auch aus der ersten unsrer drei Tabellen, wenn wir dort die schräge Reihe der vorletzten Zahlen fortsetzen. Dort steht 5 für n = 12, d = 11, also kommt 8 für n = 13, d = 12 und 11 für n = 14, d = 13, wodurch unsere Berechnung bestätigt wird.

2. d = 10, n = 8, e = 8. Man hat also in einer Kreis-Peripherie 8 Punkte, zählt von einem Anfangspunkt aus immer bis 10, streicht den bei 10 erreichten Punkt aus, und fährt fort, bis alle Punkte ausgestrichen sind, indem man immer die schon ausgestrichenen Punkte nicht mitzählt. Es wird gefragt, der wievielte von den 8 Punkten zuletzt ausgestrichen wird. Das Anfangsglied d (n — e) + 1 ist hier 1, der konstante Quotient $\frac{d}{d-1} = \frac{10}{9}$. Man kann die Reihe hier sofort mit 9, 10 beginnen, da die voraufgehenden Glieder ja kleiner als 9 sein müssen. So erhalten wir:

9, 10, 12, 14, 16, 18, 20, 23, 26, 29, 33, 37,
42, 47, 53, 59, 66, 74, 83, . . .

Nun ist $d . n = 80$. Also ist 74 zu wählen. $80 - 74 + 1 = 7$. Also wird der 7. Punkt zuletzt ausgestrichen.

3. Welchen Platz hatte der Türke, der gemäss der ursprünglichen Fassung des Problems, zuletzt über Bord geworfen wurde. Hier ist $d = 9$, $n = 30$, $e = 15$. Das Anfangsglied $d(n - e) + 1$ ist $9 . 15 + 1$ oder 136, der konstante Quotient ist $\frac{9}{8}$, das Produkt, bis zu welchem die Reihe fortzusetzen ist, 270. Also:

$$136, 153, 173, 195, 220, 248, 279.$$

Daher ist 248 zu wählen und $270 - 248 + 1 = 23$ zu rechnen. Folglich hatte der letzte über Bord geworfene Türke den 23. Platz, was mit der oben für $d = 9$ und $n = 30$ angegebenen Zahlenreihe in Einklang ist.

4. Es sei die oben erwähnte im Rätselschatz von Freund mit No. 269 bezeichnete Aufgabe zu lösen, bei welcher $n = 32$, $d = 10$ und e jede der Zahlen 1 bis 16 ist. Bezeichnet man die Werte von x, die für $e = 1, 2, 3, \ldots 16$ herauskommen, mit $x_1, x_2, \ldots x_{16}$, so hat man, um $x_1, x_2, \ldots x_{16}$ zu finden, ganzzahlige Reihen aufzustellen, deren konstanter Quotient übereinstimmend $\frac{10}{9}$ beträgt und deren Anfangsglieder die Zahlen

$$311, 301, 291, 281, \ldots 161$$

sind. Das massgebende Produkt, das von den gewählten Gliedern der Reihe nicht überschritten werden darf, ist 320. Also ist $x_1 = 1 + 320 - 311 = 10$,

$x_2 = 1 + 320 - 301 = 20$, $x_3 = 1 + 320 - 291 = 30$, was auch unmittelbar ersichtlich ist. Um x_4 bis x_{16} zu finden, haben wir die folgenden ganzzahligen Reihen zu betrachten. Zieht man die letzte Zahl dieser Reihen immer von $1 + 320$ ab, so erhält man die Werte von x_4 bis x_{16}.

281, 313	$x_4 = 321 - 313 = 8$
271, 302	$x_5 = 321 - 302 = 19$
261, 290	$x_6 = 321 - 290 = 31$
251, 279, 310	$x_7 = 321 - 310 = 11$
241, 268, 298	$x_8 = 321 - 298 = 23$
231, 257, 286, 318	$x_9 = 321 - 318 = 3$
221, 246, 274, 305	$x_{10} = 321 - 305 = 16$
211, 235, 262, 292	$x_{11} = 321 - 292 = 29$
201, 224, 249, 277, 308	$x_{12} = 321 - 308 = 13$
191, 213, 237, 264, 294	$x_{13} = 321 - 294 = 27$
181, 202, 225, 250, 278, 309 . .	$x_{14} = 321 - 309 = 12$
171, 190, 212, 236, 263, 293 . .	$x_{15} = 321 - 293 = 28$
161, 179, 199, 222, 247, 275, 306	$x_{16} = 321 - 306 = 15$.

Hierdurch ergiebt sich die Stellung der Weissen und der Neger zu einander aus dem folgenden Schema, wo w bezw. n bedeutet, dass den Platz ein Weisser, bezw. ein Neger einzunehmen hat:

w w n w w w w n w n n n n w n n
w w n n w w n w w w n n n n n w.

Schliesslich sei noch erwähnt, dass, wenn d = 2 ist, der konstante Quotient der Reihe $\frac{2}{1} = 2$ wird, sodass eine wirkliche geometrische Reihe entsteht, wodurch die Berechnung des Gliedes dieser Reihe, um das $2n + 1$ vermindert werden muss, sehr erleichtert wird. Ist ausser $d = 2$, auch $c = n$, so hat man einfach $2n + 1$ um die nächst niedere Potenz von zwei zu vermindern. Sind z. B. 100 Personen abzuzählen, indem man immer nur bis 2 zählt, so ergiebt sich die Platznummer desjenigen, der zuletzt allein übrig bleibt, wenn man 201 um die nächst niedere Potenz von 2, also um 128 vermindert. So erhält man, dass der 73te zuletzt übrig bleibt.

§ 19.

Magische Quadrate.

A. Einleitendes.

Das erste magische Quadrat, das im christlichen Abendlande auftritt, befindet sich als Attribut auf dem „Melancholie“ genannten Holzschnitt von Albrecht Dürer. Dasselbe sieht so aus:

1	14	15	4
12	7	6	9
8	11	10	5
13	2	3	16

Diese Anordnung der 16 Zahlen von 1 bis 16 hat die merkwürdige Eigenschaft, dass sich stets dieselbe Summe 34 ergiebt, gleichviel ob man die vier Zahlen addiert, die in jeder der vier horizontalen Reihen stehen oder die vier Zahlen addiert, die in jeder der vier vertikalen Reihen stehen oder endlich die vier Zahlen addiert, die in jeder der beiden diagonalen Reihen stehen. Überhaupt nennt man **magisches Quadrat** ein Quadrat mit n mal n quadratischen Feldern, in denen n mal n aufeinanderfolgende Zahlen, meist die Zahlen von 1 bis n mal n, derartig angeordnet sind, dass die Summe von n Zahlen immer dieselbe ist, gleichviel, ob diese n Zahlen in einer horizontalen, einer vertikalen oder einer diagonalen Reihe zusammenstehen. Wahrscheinlich ist diese auf eine schachbrettartige Figur bezügliche Anordnungs-Aufgabe, sowie das Schachspiel selbst, indischen Ursprungs. Jedenfalls finden wir die Aufgabe bei den Arabern sehr verbreitet, die sie vermutlich von den Indern erhalten haben. Von den Arabern gelangten die magischen Quadrate dann zu den Oströmern. Endlich haben sich seit Albrecht Dürer auch die westeuropäischen Gelehrten mit den Methoden zur Herstellung solcher Quadrate beschäftigt. Das älteste und einfachste magische Quadrat besteht in der quadratischen Anordnung der neun Zahlen 1 bis 9 so dass die Summe in jeder horizontalen, vertikalen und diagonalen Reihe stets dieselbe, nämlich 15, wird. Dieses Quadrat sieht so aus:

6	1	8
7	5	3
2	9	4

In der That ist $6 + 1 + 8 = 7 + 5 + 3 = 2 + 9 + 4 = 6 + 7 + 2 = 1 + 5 + 9 = 8 + 3 + 4 = 6 + 5 + 4 = 8 + 5 + 2 = 15$. Man erkennt mathematisch leicht, dass alle magischen Quadrate der Zahlen von 1 bis 9 die Zahl 5 in der Mitte und die geraden Zahlen in den vier Ecken haben müssen, so dass nur 8 solcher magischen Quadrate möglich sind, die jedoch alle aus einem von ihnen hervorgehen, wenn man dasselbe auf alle mögliche Weise dreht und umkippt. Aus dem Dürerschen Quadrate der Zahlen von 1 bis 16 lassen sich noch viele andere magische Quadrate durch methodische Umstellungen ableiten. Auf einfachste Weise bildet man ein magisches Quadrat der Zahlen von 1 bis 16, indem man sich diese Zahlen zunächst in natürlicher Reihenfolge einschreibt, also so:

1	2	3	4
5	6	7	8
9	10	11	12
13	14	15	16

und indem man dann die Zahlen in den vier Eckfeldern, also 1, 4, 13, 16, und die Zahlen in den vier Mittelfeldern, also 6, 7, 10, 11 stehen lässt, statt jeder der übrigen Zahlen aber die Zahl schreibt, die man erhält, wenn man sie von 17 subtrahiert, also 15 statt 2,

14 statt 3, 12 statt 5, 9 statt 8, 8 statt 9, 5 statt 12, 3 statt 14, 2 statt 15. So erhält man das folgende magische Quadrat:

1	15	14	4
12	6	7	9
8	10	11	5
13	3	2	16

Hier erscheint überall die Summe 34 sowohl aus den horizontalen als auch aus den vertikalen und diagonalen Reihen. Dazu kommt noch die besondere Eigenschaft, dass auch immer vier Zahlen, die um die Mitte herum ein Quadrat oder ein Rechteck bilden, die Summe 34 liefern, z. B. 1, 4, 13, 16 sowie 15, 14, 3, 2, sowie 12, 9, 8, 5, sowie 6, 7, 10, 11 oder auch 15, 9, 2, 8 und 14, 12, 3, 5. Dieses Quadrat entsteht aus dem Dürerschen, wenn man die beiden mittleren Vertikalreihen mit einander vertauscht.

B. Ältere Bildungsarten für ungerade Felderzahl.

Schon seit alter Zeit kennt man Vorschriften, um magische Quadrate auch von mehr als dreimal drei oder vier mal vier Felder zu bilden. Zunächst lässt sich leicht die Summe berechnen, die sich bei einer gegebenen Felderzahl aus jeder Reihe ergeben muss. Sollen die Zahlen von 1 bis n^2 ein magisches Quadrat bilden und ist x die konstante Summe jeder Reihe, so muss $x \cdot n$ die Summe aller Zahlen von 1 bis n^2 sein. Nun findet man aber bekanntlich die Summe aller Zahlen von 1 bis m, indem man m mit der nächstfolgenden Zahl $m + 1$ multipliziert und vom Produkte die Hälfte nimmt. Also ist $x \cdot n = \frac{1}{2} n^2 (n^2 + 1)$ oder

$$x = \frac{1}{2} n (n^2 + 1),$$

woraus sich $x = 15$ ergiebt, wenn $n = 3$ ist; $x = 34$, wenn $n = 4$; $x = 65$, wenn $n = 5$; $x = 111$, wenn $n = 6$; $x = 175$, wenn $n = 7$; $x = 260$, wenn $n = 8$; $x = 369$, wenn $n = 9$; $x = 505$, wenn $n = 10$; $x = 671$, wenn $n = 11$ ist, u. s. w.

Die als indisch überlieferte Vorschrift für die Herstellung magischer Quadrate mit ungerader Felderzahl in jeder Reihe, lässt sich folgendermassen aussprechen:

„Man schreibe 1 in die Mitte der obersten Reihe, dann 2 als unterste Zahl der rechts daneben befindlichen Vertikalreihe und schreibe dann die weiteren Zahlen in ihrer natürlichen Reihenfolge diagonal nach rechts oben so ein, dass man nach Erreichung des rechten Randes, am linken Rande in der darüber befindlichen Reihe fortfährt, und nach Erreichung des oberen Randes am unteren Rande in der rechts daneben befindlichen Reihe die Zählung weiterführt, wobei nur noch zu beachten ist, dass man, wenn man auf ein schon besetztes Feld stösst, statt dessen das Feld ausfüllt, das unter dem zuletzt ausgefüllten sich befindet. Auf diese Weise ist z. B. das folgende magische Quadrat der Zahlen von 1 bis 7 mal 7 gebildet, indem man überall die Summe 175 erkennt.

30	39	48	1	10	19	28
38	47	7	9	18	27	29
46	6	8	17	26	35	37
5	14	16	25	34	36	45
13	15	24	33	42	44	4
21	23	32	41	43	3	12
22	31	40	49	2	11	20

Eine weitere Förderung der Theorie der magischen Quadrate und der Methoden zu ihrer Herstellung verdanken wir dem Byzantiner Moschopulos im 14. Jahrhundert, ferner noch dem berühmten Rechenmeister Adam Riese und dem Mathematiker Michael Stifel, die beide in der Mitte des 16. Jahrhunderts lebten. Im 17. Jahrhundert beschäftigten sich mit den magischen Quadraten Bachet de Méziriac und Athanasius Kircher. Um 1700 endlich wurde die Theorie derselben durch die französischen Mathematiker De la Hire und Sauveur erheblich gefördert. In neuerer Zeit bekümmerten sich die Mathematiker weniger um die magischen Quadrate wie überhaupt um derartige Unterhaltungsaufgaben. Doch fasste 1882 Herr Scheffler in Braunschweig seine und andrer Studien über magische Quadrate in einem besonderen Buche zusammen.

Am bekanntesten von den verschiedenen Methoden, magische Quadrate mit ungerader Felderzahl zusammenzusetzen, ist ausser der oben erörterten sogenannten indischen die folgende Methode: „Man schreibe die Zahlen nach ihrer natürlichen Reihenfolge in folgender Weise diagonal.

						7						
					6		14					
				5		13		21				
			4		12		20		28			
		3		11		19		27		35		
	2		10		18		26		34		42	
1		9		17		25		33		41		49
	8		16		24		32		40		48	
		15		23		31		39		47		
			22		30		38		46			
				29		37		45				
					36		44					
						43						

Nachdem man so 25 Felder des zu füllenden Quadrats von 49 Feldern ausgefüllt hat, setze man die an jeder Quadratseite ausserhalb befindlichen sechs Zahlen, ohne die Stellung derselben gegen einander zu ändern, genau in die an der Gegenseite befindlichen leer gebliebenen Felder. Nach dieser von Bachet de Méziriac herrührenden Methode entsteht das folgende magische Quadrat der Zahlen von 1 bis 49:

4	29	12	37	20	45	28
35	11	36	19	44	27	3
10	42	18	43	26	2	34
41	17	49	25	1	33	9
16	48	24	7	32	8	40
47	23	6	31	14	39	15
22	5	30	13	38	21	46

C. Neuere Bildungsweisen für ungerade Felderzahl.

Es fragt sich, ob es nicht allgemeinere Bildungsverfahren, als die in B erörterten, giebt, die, wenn möglich, auf alle denkbaren magischen Quadrate von bestimmter Felderzahl führen. Für ungerade Felderzahl ist ein solches allgemeines Bildungsverfahren zuerst von De la Hire angegeben und von Herrn Scheffler in dessen oben citierten Buche vervollkommnet. Um dieses Verfahren kennen zu lernen, wählen wir das Beispiel von fünf mal fünf Feldern. Zunächst formieren wir zwei Hilfsquadrate. In das erste schreiben wir fünf mal die Zahlen von 1 bis 5, in das zweite die Vielfachen von fünf, nämlich 0, 5, 10, 15, 20. Es ist nun zunächst klar, dass durch Addieren jeder der Zahlen von 1 bis 5 mit jeder der Zahlen 0, 5, 10, 15, 20 alle 25 Zahlen von 1 bis 25 entstehen. Es handelt sich also bloss noch darum, die Zahlen so einzubeschreiben, dass durch Addition der beiden Zahlen in zwei entsprechend liegenden Feldern auch wirklich jede Zusammenstellung einmal und auch nur einmal herauskommt, und dass ferner in jeder horizontalen, vertikalen und diagonalen Reihe in jedem Hilfsquadrat jede Zahl auch wirklich erscheint. Dann muss die erforderliche Summe 65 erscheinen, weil die Zahlen von 1 bis 5 zusammen 15 und die Zahlen 0, 5, 10, 15, 20 zusammen 50 ergeben. Man erreicht die erforderliche Art der Einschreibung dadurch, dass man sich 1, 2, 3, 4, 5 (oder 0, 5, 10, 15, 20) cyklisch denkt, d. h. auf 5 folgend wieder 1, und dass man nun, von irgend einer Zahl ausgehend, entweder keine oder immer eine oder zwei u. s. w. Zahlen überspringt. So entstehen Cyklen der ersten bis vierten Ordnung. Z. B. ist 3, 4, 5, 1, 2 ein Cyklus erster Ordnung, 2, 4, 1, 3, 5 ist zweiter Ordnung, 4, 2, 5, 3, 1 ist dritter Ordnung,

1, 5, 4, 3, 2 ist vierter Ordnung. Man hat nun bei beiden Hilfsquadraten zunächst darauf zu achten, dass horizontal in allen Reihen dieselbe Cyklusordnung festgehalten wird und dass dasselbe auch in den vertikalen Reihen geschieht, dass aber die Cyklusordnung horizontal und vertikal verschieden ist. Endlich hat man nur noch darauf zu achten, dass zu denselben Zahlen des einen Hilfsquadrats in dem andern Hilfsquadrat nicht gleiche Zahlen, sondern verschiedene Zahlen zugehören, d. h. in Feldern liegen, die dieselbe Lage in den beiden Quadraten haben. Möglich sind also z. B. die folgenden Hilfsquadrate:

2	4	1	3	5
1	3	5	2	4
5	2	4	1	3
4	1	3	5	2
3	5	2	4	1

und

15	20	0	5	10
5	10	15	20	0
20	0	5	10	15
10	15	20	0	5
0	5	10	15	20

Addiert man nun immer die beiden Zahlen, die in gleichliegenden Feldern stehen, so erhält man das folgende magische Quadrat der Zahlen 1 bis 25:

17	24	1	8	15
6	13	20	22	4
25	2	9	11	18
14	16	23	5	7
3	10	12	19	21

Man erkennt, dass man so eine grosse Menge von magischen Quadraten mit 5 mal 5 Feldern bilden kann. Man hat nämlich nur die beiden Hilfsquadrate auf jede mit den angegebenen Bedingungen verträgliche Art und Weise anzufüllen. Zudem haben die so entstehenden Quadrate noch die besondere Eigentümlichkeit, dass je fünf Zahlen, welche zwei Reihen ausfüllen, die einer Diagonale parallel sind und auf verschiedenen Seiten derselben liegen auch die konstante Summe 65 liefern, z. B. 3 und 24, 20, 11, 7 oder 1, 22, 18 und 14, 10. Es entsteht also die Summe 65 im ganzen auf 20 fache Weise, nämlich aus fünf horizontalen Reihen, aus fünf vertikalen Reihen, aus zwei diagonalen Reihen und aus zweimal vier Paaren von Reihen, die diesen diagonalen Reihen parallel sind. Herr Scheffler hat bewiesen, dass jedes magische Quadrat, das alle diese Bedingungen erfüllt, auch aus zwei Hilfsquadraten in der angegebenen Weise entstehen muss. Mit der Eigentümlichkeit, dass zwei einer Diagonale parallele Reihen von fünf Zahlen auch die konstante Summe 65 liefern, hängt die folgende Eigenschaft solcher magischen Quadrate zusammen. Wenn man neben oder über oder unter ein solches Quadrat dasselbe immer nochmal wieder ansetzt, so liefern beliebige fünf mal fünf Felder, die man willkürlich herausgreift, immer wieder ein richtiges magisches Quadrat. Setzt man z. B. das obige magische Quadrat nach rechts und nach unten weiter fort, so erhält man die folgende Figur:

Jedes Quadrat von fünf mal fünf Feldern, wie z. B. die beiden fett umzäunten, zeigt die oben erwähnten magischen Eigenschaften, dass nämlich die konstante

17	24	1	8	15	17	24	1	8	15	17	..
6	13	20	22	4	6	13	20	22	4	6	..
25	2	9	11	18	25	2	9	11	18	25	..
14	16	23	5	7	14	16	23	5	7	14	..
3	10	12	19	21	3	10	12	19	21	3	..
17	24	1	8	15	17	24	1	8	15	17	..
6	13	20	22	4	6	13	20	22	4	6	..
25	2	9	11	18	25	2	9	11	18	25	..
..	..	..	..	..	..	..	..	..	..	..	..

Erstes Hilfsquadrat.

1	3	5	7	9	11	2	4	6	8	10
2	4	6	8	10	1	3	5	7	9	11
3	5	7	9	11	2	4	6	8	10	1
4	6	8	10	1	3	5	7	9	11	2
5	7	9	11	2	4	6	8	10	1	3
6	8	10	1	3	5	7	9	11	2	4
7	9	11	2	4	6	8	10	1	3	5
8	10	1	3	5	7	9	11	2	4	6
9	11	2	4	6	8	10	1	3	5	7
10	1	3	5	7	9	11	2	4	6	8
11	2	4	6	8	10	1	3	5	7	9

Summe 65 aus viermal fünf Zahlen erhalten werden kann. Genau so wie eben magische Quadrate von 5 mal 5 Feldern formiert sind, kann man ohne Mühe auch solche von n mal n Feldern formieren, wo n eine ungerade Zahl ist, die grösser als fünf ist. Um noch ein Beispiel für ein grösseres n zu geben, folgt hier ein aus zwei Hilfsquadraten nach der allgemeinen Methode von De la Hire gebildetes Quadrat mit 11 mal 11 Feldern. Statt der Zahlen 1, 2, 3, 4, 5 sind hier natürlich die Zahlen von 1 bis 11 für das erste Hilfsquadrat zu nehmen. In das zweite Hilfsquadrat sind die Zahlen 0, 11, 22, 33, 44, 55, 66, 77, 88, 99, 110 einzuschreiben.

Zweites Hilfsquadrat.

0	33	66	99	11	44	77	110	22	55	88
11	44	77	110	22	55	88	0	33	66	99
22	55	88	0	33	66	99	11	44	77	110
33	66	99	11	44	77	110	22	55	88	0
44	77	110	22	55	88	0	33	66	99	11
55	88	0	33	66	99	11	44	77	110	22
66	99	11	44	77	110	22	55	88	0	33
77	110	22	55	88	0	33	66	99	11	44
88	0	33	66	99	11	44	77	110	22	55
99	11	44	77	110	22	55	88	0	33	66
110	22	55	88	0	33	66	99	11	44	77

Resultierendes Quadrat.

1	36	71	106	20	55	79	114	28	63	98
13	48	83	118	32	56	91	5	40	75	110
25	60	95	9	44	68	103	17	52	87	111
37	72	107	21	45	80	115	29	64	99	2
49	84	119	33	57	92	6	41	76	100	14
61	96	10	34	69	104	18	53	88	112	26
73	108	22	46	81	116	30	65	89	3	38
85	120	23	58	93	7	42	77	101	15	50
97	11	35	70	105	19	54	78	113	27	62
109	12	47	82	117	31	66	90	4	39	74
121	24	59	94	8	43	67	102	16	51	86

D. Gerade Felderzahl.

Bisher haben wir von magischen Quadraten mit gerader Felderzahl nur das von 4 mal 4 Feldern kennen gelernt. Um solche mit höherer gerader Stellenzahl zusammenzusetzen, dienen andere und kompliziertere Methoden als für ungerade Felderzahl. Doch geht man auch hier, wie bei 4 mal 4 Feldern, von der natürlichen Zahlenreihe aus und hat dann teils Ergänzungen zu einer gewissen Zahl, wie 17 bei 4 mal 4, teils Vertauschungen von Zahlen vorzunehmen. Um z. B.

ein magisches Quadrat von 6 mal 6 Feldern zu bilden, hat man in die 12 Diagonalfelder die Zahlen einzuschreiben, welche dort nach der natürlichen Reihenfolge wirklich hingehören, dann in die übrigen Felder die Ergänzungen der dorthin gehörigen Zahlen zu 37 hinzuschreiben und endlich 6 Vertauschungen vorzunehmen. Welche Vertauschungen je zweier Zahlen, die in symmetrischen Feldern stehen, bei ganz beliebiger gerader Felderzahl vorzunehmen sind, damit sich aus allen Reihen eine konstante Summe ergiebt, erkennt man leichter empirisch, als nach einer theoretischen Regel, die De la Hire aufgestellt hat, die aber sehr kompliziert ist. Wir lassen deshalb hier die magischen Quadrate mit 6 mal 6, mit 8 mal 8 und mit 10 mal 10 Feldern hier folgen. Immer stehen in den Diagonalen die Zahlen, die, bei der natürlichen Reihenfolge dort wirklich hingehören. In die sonstigen Felder sind dann, falls 2n Felder an jeder Quadratseite sich befinden, die Ergänzungen zu $4n^2+1$ hinzuschreiben. Darauf sind Vertauschungen vorzunehmen, wie sie aus den folgenden Quadraten erkennbar sind.

6 mal 6 Felder.

1	35	34	3	32	6
30	8	28	27	11	7
24	23	15	16	14	19
13	17	21	22	20	18
12	26	9	10	29	25
31	2	4	33	5	36

8 mal 8 Felder.

1	63	62	4	5	59	58	8
56	10	11	53	52	14	15	49
48	18	19	45	44	22	23	41
25	39	38	28	29	35	34	32
33	31	30	36	37	27	26	40
24	42	43	21	20	46	47	17
16	50	51	13	12	54	55	9
57	7	6	60	61	3	2	64

Man bemerke, dass die so gebildeten magischen Quadrate mit gerader Felderzahl zwar in den beiden Diagonalen die erforderliche Summe zeigen, nicht aber in zwei zu beiden Seiten einer Diagonale liegenden parallelen Reihen mit 2n Feldern. Ja, es zeigt sich, dass es überhaupt unmöglich ist, bei gerader Felderzahl die Erfüllung der Bedingung zu erreichen, dass auch bei zwei Reihen, die einer Diagonale parallel sind, die konstante Summe herauskommt.

Ausser dem oben erörterten Bildungsgesetze giebt es bei gerader Felderzahl noch andere, die auch zu

10 mal 10 Felder.

1	99	3	97	96	5	94	8	92	10
90	12	88	14	86	85	17	83	19	11
80	79	23	77	25	26	74	28	22	71
31	69	68	34	66	65	37	33	62	40
60	42	58	57	45	46	44	53	49	51
50	52	43	47	55	56	54	48	59	41
61	32	38	64	36	35	67	63	39	70
21	29	73	27	75	76	24	78	72	30
20	82	18	84	15	16	87	13	89	81
91	9	93	4	6	95	7	98	2	100

richtigen magischen Quadraten führen. Die Auseinandersetzung dieser Bildungsgesetze würde hier zuviel Raum kosten. Die Zahl der überhaupt möglichen magischen Quadrate wird dadurch sehr gross. So hat man berechnet, dass bei 4 mal 4 Feldern 880, bei 6 mal 6 Feldern schon viele Millionen magischer Quadrate möglich sind. Auch die Anzahl der nach De la Hire's Methode gebildeten magischen Quadrate mit ungerader Felderzahl wird bald sehr gross. So giebt es bei 7 mal 7 Feldern schon 363 Millionen und 916800 solcher Quadrate.

Es fragt sich, ob die auf der Bildung zweier Hilfsquadrate beruhende Methode zur Formierung von magischen Quadraten mit ungerader Felderzahl nicht auch auf den Fall übertragen werden kann, dass die Felderzahl gerade ist. Für 2n = 4 lassen sich in der That zwei Hilfsquadrate derartig zusammensetzen, dass das eine in jeder Reihe die Zahlen 1, 2, 3, 4, das andere die Zahlen 0, 4, 8, 12, enthält, und dass dabei die Paare gleichliegender Felder immer verschiedene Verbindungen einer der Zahlen 1, 2, 3, 4 mit einer der Zahlen 0, 4, 8, 12 aufweisen. Diese Beschaffenheit haben die beiden folgenden Hilfsquadrate, aus ihnen beiden folgt das darunterstehende magische Quadrat.

1	2	3	4
4	3	2	1
2	1	4	3
3	4	1	2

und

0	4	8	12
8	12	0	4
12	8	4	0
4	0	12	8

ergeben:

1	6	11	16
12	15	2	5
14	9	8	3
7	4	13	10

Die Möglichkeit zweier solcher Hilfsquadrate giebt Veranlassung zu einer interessanten Kartenanordnung. Ordnet man nämlich die obigen Zahlen 1, 2, 3, 4 den Werten Ass, Bube, Dame, König zu, dagegen die Zahlen 0, 4, 8, 12 den Farben Karo, Cœur, Pique, Treff, so erhält man durch Verschmelzung der beiden Hilfsquadrate zu einem einzigen Quadrat eine quadratische Anordnung der 4 Asse, der 4 Buben, der 4 Damen und der 4 Könige derart, dass in jeder horizontalen, vertikalen und diagonalen Reihe jeder Wert und jede Farbe einmal und nur einmal vertreten ist, wie die folgende Figur zeigt, wo K, C, P, T beziehungsweise die Farben Karo, Cœur, Pique, Treff bedeuten, und wo die darum gesetzten Indices 1, 2, 3, 4 beziehungsweise das Ass, den Buben, die Dame und den König bezeichnen sollen:

K_1	C_2	P_3	T_4
P_4	T_3	K_2	C_1
T_2	P_1	C_4	K_3
C_3	K_4	T_1	P_2

Versucht man, für $2n = 6$ zwei solche Hilfsquadrate zusammenzusetzen, so findet man, dass es leicht gelingt, im einen Quadrat die Zahlen 1, 2, 3, 4, 5, 6, im andern die Zahlen 0, 6, 12, 18, 24, 30 in der gewünschten

Weise anzuordnen, dass aber dann alle Versuche misslingen, in den 36 Paaren gleichliegender Felder alle 36 Paare der Zahlen 1, 2, 3, 4, 5, 6 mit den Zahlen 0, 6, 12, 18, 24, 30 einzuschreiben. Dagegen lassen sich für jede höhere gerade Felderzahl Hilfsquadrate formieren, die alle Bedingungen erfüllen, die notwendig sind, um aus ihnen ein magisches Quadrat abzuleiten. Nur kann die Zusammensetzung solcher Hilfsquadrate nicht in so einfacher Weise geschehen, wie bei ungerader Felderzahl. Es ist vielmehr sehr mühsam und bedarf vieler Versuche, ehe es gelingt, solche Paare von Quadraten zu formieren. Für $2n = 8$ ist es dem Verfasser gelungen, derartige Paare von Hilfsquadraten zu formieren. Jedes solches Paar stellt eine Lösung der Aufgabe vor, den 64 Feldern eines Schachbretts die 64 Zusammensetzungen der acht Zahlen von 1 bis 8 mit den acht Buchstaben von a bis h so einzuschreiben, dass in jeder der 8 Reihen von links nach rechts, in jeder der 8 Reihen von oben nach unten, und in jeder der beiden Diagonalen jede Zahl und jeder Buchstabe einmal, aber auch nur einmal vorkommt. Diese Aufgabe ist durch die auf S. 175 stehende erste Figur gelöst.

E. Magische Jahreszahl-Quadrate.

Bisher haben wir immer nur von magischen Quadraten gesprochen, in denen die n^2 Zahlen von 1 bis n^2 stehen. Man kann natürlich sich die Aufgabe stellen, irgend welche andere n^2 Zahlen in die Felder einzuschreiben; nur müssen natürlich solche Zahlen irgend welchen Zusammenhang haben. Nimmt

1a	2b	3c	4d	5e	6f	7g	8h
5h	6g	7f	8e	1d	2c	3b	4a
4f	3e	2h	1g	8b	7a	6d	5c
8c	7d	6a	5b	4g	3h	2e	1f
7b	8a	5d	6c	3f	4e	1h	2g
3g	4h	1e	2f	7c	8d	5a	6b
6e	5f	8g	7h	2a	1b	4c	3d
2d	1c	4b	3a	6h	5g	8f	7e

man z. B. statt der Zahlen von 1 bis n^2 die Potenzen von a^1 bis a^{n^2}, so erhält man ein magisches Quadrat, in dem nicht die Summe, sondern das Produkt aller Zahlen jeder Reihe konstant ist. Aus dem magischen Quadrat für 3 mal 3 Felder entsteht so für $a = 2$:

64	2	256
128	32	8
4	512	16

Hier kommt überall das konstante Produkt $2^{15} = 32768$ heraus. Noch einfacher ist es, zu jeder Zahl eines gewöhnlichen magischen Quadrats eine und dieselbe

Zahl b zu addieren. Dann erhält man die aufeinanderfolgenden Zahlen von $b + 1$ bis $b + n^2$ einbeschrieben. Man kann es dann leicht erreichen, dass aus jeder Reihe eine bestimmte, irgendwie interessierende Zahl als Summe herauskommt, etwa eine Jahreszahl. Zwischen der Zahl n der Felder an jeder Quadratseite, der zu addierenden Zahl b und der gewünschten Summe s besteht eine Gleichung, die sich leicht ableiten lässt. Oben ist gezeigt, dass bei einem gewöhnlichen magischen Quadrat aus jeder Reihe sich die Summe $\frac{1}{2} n (n^2 + 1)$ ergeben muss. Für jede Reihe kommt nun $n . b$ hinzu. Also kommt:

$$s = \frac{1}{2} n (n^2 + 1) + n b.$$

Hieraus folgt, dass, falls die Zahl n ungerade ist, sie Teiler von s sein muss. Ist n gerade und von der Form $2^\alpha . m$, wo m ungerade ist, so ergiebt sich, dass s sowohl den Teiler m, wie auch den Teiler $2^{\alpha-1}$ haben muss. Da 1897 durch 7 teilbar ist, so sind magische Quadrate von 7 mal 7 Feldern möglich, die aus allen Reihen die Summe 1897 geben. Da ferner 1898 durch 13 teilbar ist, so sind magische Quadrate von 13 mal 13 Feldern möglich, die überall die Summe 1898 ergeben. Für 1897 ergiebt sich dann 246 als die Zahl, die zu jeder Zahl eines gewöhnlichen magischen Quadrats von 49 Feldern zu addieren ist. Für 1898 ergiebt sich 61 als die Zahl, die zu jeder Zahl eines gewöhnlichen magischen Quadrats von 169 Feldern zu addieren ist. Solche auf die Jahreszahlen 1897 und 1898 bezüglichen magischen Quadrate folgen hier:

Konstante Summe 1897.

250	275	258	283	266	291	274
281	257	282	265	290	273	249
256	288	264	289	272	248	280
287	263	295	271	247	279	255
262	294	270	253	278	254	286
293	269	252	277	260	285	261
268	251	276	259	284	267	292

Konstante Summe 1898.

68	153	82	167	96	181	110	195	124	209	138	223	152
165	81	166	95	180	109	194	123	208	137	222	151	67
80	178	94	179	108	193	122	207	136	221	150	66	164
177	93	191	107	192	121	206	135	220	149	65	163	79
92	190	106	204	120	205	134	219	148	64	162	78	176
189	105	203	119	217	133	218	147	63	161	77	175	91
104	202	118	216	132	230	146	62	160	76	174	90	188
201	117	215	131	229	145	74	159	75	173	89	187	103
116	214	130	228	144	73	158	87	172	88	186	102	200
213	129	227	143	72	157	86	171	100	185	101	199	115
128	226	142	71	156	85	170	99	184	113	198	114	212
225	141	70	155	84	169	98	183	112	197	126	211	127
140	69	154	83	168	97	182	111	196	125	210	139	224

F. Ineinanderliegende magische Quadrate.

Scharfsinn und Geduld hat die Mathematiker auch zu magischen Quadraten geführt, welche die Eigentümlichkeit haben, dass, wenn man nacheinander am Rande je eine Reihe fortnimmt, das übrig bleibende kleinere Quadrat noch immer ein magisches ist, d. h. die Eigenschaft hat, dass alle Reihen dieselbe Summe ergeben. Es mag hier genügen, von solchen Quadraten zwei Beispiele zu liefern, von denen das eine 7 mal 7, das andere 8 mal 8 Felder hat. Die Zahlen innerhalb jeder fettgedruckten Umrahmung bilden Quadrate, die wieder für sich aus jeder horizontalen, vertikalen und diagonalen Reihe gleiche Summen ergeben.

40	1	2	3	42	41	46
38	31	13	14	32	35	12
39	30	26	21	28	20	11
43	33	27	25	23	17	7
6	16	22	29	24	34	44
5	15	37	36	18	19	45
4	49	48	47	8	9	10

Bei dem ersten dieser Quadrate ergiebt das innere kleinere Quadrat von 3 mal 3 Feldern die konstante

Summe 75 und enthält die aufeinanderfolgenden Zahlen von 21 bis 29. Das dieses Quadrat einschliessende Quadrat von 25 Feldern mit den Zahlen von 13 bis 37 ergiebt als Summe 125, während das ganze Quadrat die Summe 175 liefert. Bei dem zweiten dieser Quadrate

1	63	62	4	5	59	58	8
56	15	49	48	44	19	20	9
55	47	25	28	39	38	18	10
11	22	40	37	26	27	43	54
53	42	34	35	32	29	23	12
13	24	31	30	33	36	41	52
14	45	16	17	21	46	50	51
57	2	3	61	60	6	7	64

hat man inwendig die Zahlen von 25 bis 40 mit der Summe 130, dann folgt nach aussen ein Quadrat mit den Zahlen von 15 bis 50 und der Summe 195. Endlich ist dieses Quadrat wieder die Mitte eines gewöhnlichen magischen Quadrats mit den Zahlen 1 bis 64 und der Summe 260.

G. Magische Quadrate mit magischen Teilen.

Zerlegt man ein Quadrat von 8 mal 8 Feldern durch die beiden den Seiten parallelen Mittellinien in vier Teile von je 4 mal 4 Feldern, so kann man die Aufgabe stellen, die Zahlen von 1 bis 64 so einzufügen, dass nicht allein das Ganze ein magisches Quadrat ist, sondern dass auch jeder der vier Teile magisch ist, d. h. aus jeder horizontalen, vertikalen und diagonalen Reihe eine konstante Summe liefert. Diese Aufgabe löst das folgende Beispiel:

58	7	29	36	54	11	17	48
59	6	32	33	55	10	20	45
8	57	35	30	12	53	47	18
5	60	34	31	9	56	46	19
62	3	21	44	50	15	25	40
63	2	24	41	51	14	28	37
4	61	43	22	16	49	39	26
1	64	42	23	13	52	38	27

Schreibt man einem Quadrate von 3 mal 3 Feldern die Zahlen von I bis IX magisch ein und ersetzt dann jede dieser Zahlen wieder durch ein magisches Quadrat von 3 mal 3 Feldern, indem man in das Quadrat I die Zahlen von 1 bis 9, in das Quadrat II die Zahlen von 10 bis 18 u. s. w. magisch einschreibt, so erhält man ein Quadrat von 9 mal 9 Feldern, das nicht bloss als ganzes magisch ist, sondern auch aus 9 Quadraten sich zusammensetzt, die jedes für sich magisch sind. Das so entstehende Quadrat sieht also so aus:

11	18	13	74	81	76	29	36	31
16	14	12	79	77	75	34	32	30
15	10	17	78	73	80	33	28	35
56	63	58	38	45	40	20	27	22
61	59	57	43	41	39	25	23	21
60	55	62	42	37	44	24	19	26
47	54	49	2	9	4	65	72	67
52	50	48	7	5	3	70	68	66
51	46	53	6	1	8	69	64	71

H. Magische Polygone.

Bisher haben wir nur solche Erweiterungen des Problems der magischen Quadrate besprochen, bei denen die geometrische Figur des Quadrats festgehalten war.

Man kann jedoch auch Erweiterungen schaffen, bei denen statt des Quadrats ein Rechteck oder ein Polygon von beliebig vielen Seiten auftritt. Ohne auf die Methoden zur Bildung von magischen Polygonen näher einzugehen, wollen wir hier nur zwei von Herrn Scheffler gelieferte Beispiele anführen:

1. Die Zahlen von 1 bis 32 lassen sich zu 4 mal 8 so in ein Rechteck einschreiben, dass die langen Reihen 132, die kurzen 66 als Summe ergeben, nämlich:

17	15	14	5	4	22	23	32
8	26	6	13	21	3	31	24
25	7	27	20	12	30	2	9
16	18	19	28	29	11	10	1

2. Die Zahlen von 1 bis 73 lassen sich um ein Zentrum, in dem die Zahl 37 steht, zu drei Sechsecken gruppieren, die beziehungsweise 3, 5, 7 Zahlen in jeder Seite enthalten, und nicht allein durch ihre sechs Seiten, sondern auch durch ihre drei Eck-Durchmesser und ihre drei Mittellote zu den Seiten immer dieselbe Summe liefern, nämlich von innen nach aussen 111, 185, 259. (Vgl. nachstehende Figur).

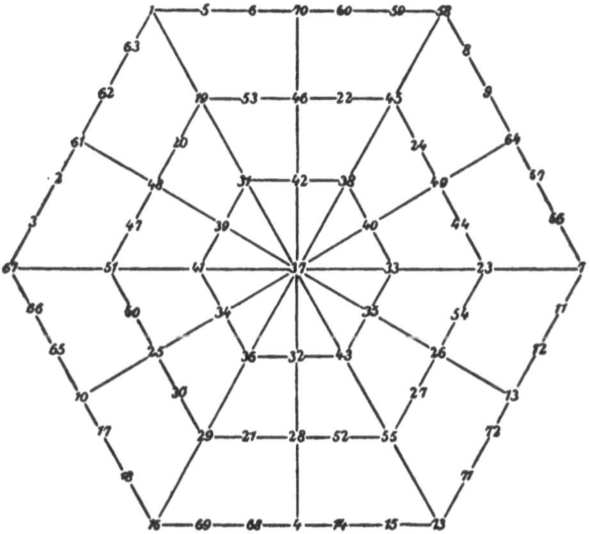

J. Magische Würfel.

Mehrere Forscher, namentlich Kochansky (1686), Sauveur (1710), Hugel (1859) und Scheffler (1882) haben den Gedanken der magischen Quadrate von der Ebene auf den Raum ausgedehnt. Man denke sich einen Würfel durch Ebenen, die parallel den Seitenflächen laufen und gleichen Abstand von einander haben, in lauter würfelförmige Fächer geteilt, und dann denke man sich die Aufgabe gestellt, den Fächern die aufeinanderfolgenden natürlichen Zahlen so einzufügen, dass jede Reihe von links nach rechts, jede von vorn nach hinten, jede von oben nach unten, jede Diagonale eines Quadrats und auch jede durch das Zentrum des

Würfels gehende Hauptdiagonale Zahlen enthält, deren Summe immer dieselbe bleibt. Für 3 mal 3 mal 3 Fächer lässt sich kein solcher magischer Würfel herstellen. Für 4 mal 4 mal 4 Fächer lässt es sich erreichen, dass jede einer Würfelkante parallele Seite und jede Hauptdiagonale die konstante Summe 130 liefert. Um einen magischen Würfel mit 64 Fächern auf der Ebene des Papiers darzustellen, denken wir uns die in die 64 Fächer gehörigen Zahlen oben auf dieselben aufgeschrieben und dann je 16 Zahlen schichtenweise von oben nach unten abgehoben. So erhalten wir vier Quadrate von je 16 Feldern, die zusammen den magischen Würfel darstellen, wie folgendes Beispiel zeigt:

Erste Schicht von oben.

1	48	32	49
60	21	37	12
56	25	41	8
13	36	20	61

Zweite Schicht von oben.

63	18	34	15
6	43	27	54
10	39	23	58
51	30	46	3

Dritte Schicht von oben.

62	19	35	14
7	42	26	55
11	38	22	59
50	31	47	2

Unterste Schicht.

4	45	29	52
57	24	40	9
53	28	44	5
16	33	17	64

Hier erscheint die konstante Summe 130 im ganzen 52 mal, nämlich 16 mal aus den Reihen von links nach rechts, 16 mal aus den Reihen von oben nach unten, 16 mal aus den Reihen von vorn nach hinten und dann noch 4 mal aus den Reihen, die zwei Gegen-Ecken des Würfels verbinden. Dagegen ergeben die Diagonalen der 12 Quadrate, die den Grenzflächen parallel laufen, die Summe nicht.

Für einen Würfel mit 5 mal 5 mal 5 Fächern lässt es sich schon erreichen, dass alle 75 Reihen, die einer Kante parallel sind, dass alle 30 in einer Quadrat-Diagonale liegenden Reihen und alle 4 eine Hauptdiagonale bildenden Reihen, eine und dieselbe Summe, nämlich $\frac{1}{2}n(n^3 + 1) = 315$ ergeben. Sowie die magischen Quadrate mit ungerader Felderzahl aus zwei Hilfsquadraten gebildet werden können, so können auch die magischen Würfel aus drei Hilfswürfeln formiert werden. Auf diese Weise ist der folgende magische Würfel mit 5 mal 5 mal 5 Fächern gebildet, bei dem überdies die mittelste Zahl zwischen 1 und 125, näm-

Erste Schicht.

121	27	83	14	70
10	61	117	48	79
44	100	1	57	113
53	109	40	91	22
87	18	74	105	31

Zweite Schicht.

2	58	114	45	96
36	92	23	54	110
75	101	32	88	19
84	15	66	122	28
118	49	80	6	62

Dritte Schicht.

33	89	20	71	102
67	123	29	85	11
76	7	63	119	50
115	41	97	3	59
24	55	106	37	93

Vierte Schicht.

64	120	46	77	8
98	4	60	111	42
107	38	94	25	51
16	72	103	34	90
30	81	12	68	124

Fünfte Schicht.

95	21	52	108	39
104	35	86	17	73
13	69	125	26	82
47	78	9	65	116
56	112	43	99	5

lich 63, in das mittelste Fach gestellt ist, wodurch den vier Hauptdiagonalen und den 30 Nebendiagonalen die Erhaltung der Summe 315 gesichert wird. Die Bedingung, dass auch, wie bei den magischen Quadraten, die den Nebendiagonalen parallelen Diagonalenpaare dieselbe Summe liefern, ist für n = 5 noch nicht erfüllbar, wohl aber bei grösserem n.

§ 23.

Rösselsprünge.

A. Einleitendes.

Die Aufgaben, welche in den Unterhaltungs-Zeitschriften unter dem Namen Rösselsprung vorgelegt werden, verlangen vom Leser, 64 Silben, die in die 64 Felder einer Schachbrett-Figur eingeschrieben sind, derartig zusammenzustellen, das erstens je zwei Silben, die der Leser aufeinanderfolgen lässt, auf dem Schachbrett in zwei Feldern stehen, zwischen denen beim Schachspiel der Springer springen darf, und dass zweitens die nach diesem Prinzip vom Leser gefundene Silbenfolge einen Sinn giebt, gewöhnlich sogar ein kleines gereimtes Gedicht liefert. Ehe wir auf diese Aufgaben und die schwereren umgekehrten Aufgaben, die verlangen, richtige Rösselsprünge zu s c h a f f e n, näher eingehen, müssen wir, zur Verdeutlichung der folgenden Erörterungen, einige Erklärungen vorausschicken.

Der Übergang von jedem Felde eines in Quadrate zerlegten Rechtecks, dessen Seiten horizontal und vertikal sind, nach einem rechts und links, oben oder unten benachbarten Felde heisse ein „Schritt.“ Von jedem der vier Eckfelder kann man daher nur zwei Schritte und von jedem Randfelde, das nicht Eckfeld ist, nur drei Schritte machen, während von jedem andern nicht am Rande liegenden Felde vier Schritte möglich sind. Ein Schritt nach rechts oder links heisse „horizontal," ein Schritt nach oben oder unten „vertikal." Die Regel, nach welcher sich beim Schachspiel der Springer bewegen darf, kann hiernach kurz so ausgesprochen werden: Er springt immer zugleich einen Schritt horizontal und zwei Schritte vertikal oder umgekehrt. Von zwei Feldern, zwischen denen der Springer sich in dieser Weise bewegen darf, oder, was dasselbe ist, die so liegen, dass sie um einen horizontalen und zwei vertikale Schritte oder umgekehrt von einander abstehen, wollen wir sagen, dass sie „sich rösseln." Die Bewegung zwischen zwei sich rösselnden Feldern heisse ein Sprung. Von jedem Eckfelde sind immer 2 Sprünge möglich, von jedem Randfeld, das einen Schritt von einem Eckfeld entfernt ist, sind 3 Sprünge möglich, während von einem Randfeld, das zwei oder mehr Schritte von einem Eckfeld entfernt ist, 4 Sprünge möglich sind. Fernet rösselt jedes Feld, das vom Rande um einen horizontalen und einen vertikalen Schritt entfernt ist, 4 Felder, dagegen rösseln die Felder, die vom einen Rande einen Schritt, von einem benachbarten Rande zwei Schritte entfernt sind, 6 Felder. Endlich rösselt ein Feld 8 Felder, wenn es von jedem Rande zwei oder mehr Schritte entfernt ist. Für ein gewöhnliches Schachbrett von 64 Feldern sind daher von jedem Felde soviel Sprünge möglich, wie in der folgenden Figur durch die in die Felder gesetzten Zahlen angegeben wird:

2	3	4	4	4	4	3	2
3	4	6	6	6	6	4	3
4	6	8	8	8	8	6	4
4	6	8	8	8	8	6	4
4	6	8	8	8	8	6	4
4	6	8	8	8	8	6	4
3	4	6	6	6	6	4	3
2	3	4	4	4	4	3	2

Die Summe dieser Zahlen ist 336. Rechnet man daher einen Sprung von einem Felde zu einem anderen und den umgekehrten Sprung vom zweiten Felde zum ersten zurück nur als einen einzigen Sprung, so ergiebt sich 168 als die Anzahl der Springer-Züge auf einem gewöhnlichen Schachbrett. Diese Betrachtung kann man leicht auf ein rechteckiges Schachbrett von a mal b Feldern ausdehnen. Man erhält dann

$$2\,(2ab - 3a - 3b + 4)$$

als die Anzahl der Paare sich rösselnder Felder.

Das Eulersche Rösselsprung-Problem besteht nun in der Aufgabe, in die 64 Felder des Schachbretts die 64 Zahlen von 1 bis 64 derartig einzuschreiben, dass zwei Felder, die aufeinanderfolgende Zahlen enthalten, sich rösseln. Ersetzt man dann noch die Zahlen von 1 bis 64 durch 64 Silben, die in ihrem Zusammenhange einen Sinn geben, so entsteht die Aufgabe, nun umgekehrt die 64 Silben so abzulesen, dass die 64 Silben den gewünschten Sinn liefern, wobei der Löser einer solchen Aufgabe in fortwährendem Zweifel ist, welchen der verschiedenen noch möglichen Sprünge er von dem zuletzt betretenen Felde zu machen hat, ein Zweifel, der zu Anfang und bei den 16 Mittelfeldern, deren jedes 8 Felder rösselt, am meisten Verlegenheit bereitet. Von einer solchen Rösselsprung-Aufgabe geben wir hier das folgende Beispiel:

gend	sprach	ter	Zeit	Der	ruft	in	Al
Va	te	nicht	ter	mei	Der	Va	nach
du	Zu	es	schon	Man	sagt	ter	war's
auch	zum	gu	ner	va	So	dir	ter
ter	Zeit	Es	klagt	chen	Herr	es	spricht
nach	ter	sprach's	o	Sohn	und	so	mit
te	va	Das	spre	um	Brauch	ze	so
Al	zu	al	Groß	leid	zum	dich	der

Die Lösung solcher Rösselsprünge wird in den Unterhaltungszeitschriften meist in Form eines Diagramms gegeben, d. h., es werden die Mitten der aufeinanderfolgenden Felder durch gerade Linien verbunden. Man kann jedoch die Lösung auch so geben, dass man die im Rösselsprung aufeinanderfolgenden Felder der Reihe nach mit den Zahlen 1 bis 64 besetzt. Hier folgt die Lösung des obigen Rösselsprungs in beiderlei Form:

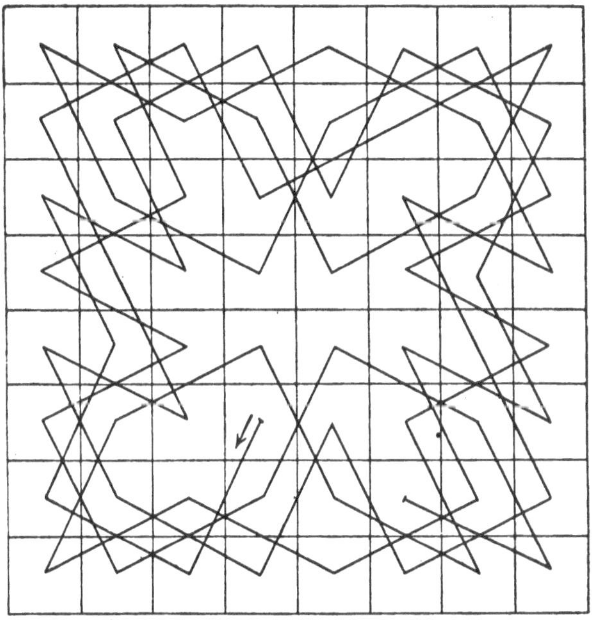

31	54	47	8	33	10	27	50
46	7	32	53	28	49	34	11
5	30	55	48	9	36	51	26
56	45	6	29	52	25	12	35
43	4	57	20	61	14	37	24
58	19	41	1	40	23	62	13
3	42	17	60	21	64	15	38
18	59	2	41	16	39	22	63

Wiewohl die Lösung solcher Rösselsprung-Aufgaben einige Geduld erfordert, so ist doch ungleich mehr Geduld dazu nötig, auch nur einen richtigen Rösselsprung zu formieren. Wenn man nämlich von einem beliebigen Anfangsfelde aus die Zahlen von 1 an nach der Regel des Springerzuges in die Felder einzuschreiben beginnt, so wird man bald finden, dass gewisse Felder leer bleiben, zu denen man nie gelangen kann, weil die Felder, von denen aus sie erreichbar sind, schon besetzt sind. Man wird dann anfangen, zu ändern; aber dann erkennt man bald, dass nun wieder andere nicht mehr erreichbare Felder leer bleiben, und erst nach langen Mühen wird man zu einem richtigen Rösselsprunge gelangen. Es giebt jedoch Methoden, durch welche man leicht auf richtige Rösselsprünge geführt wird, und diese sollen im Folgenden besprochen werden.

B. Geschichtliches.

In der Litteratur kommt das Problem, die 64 Felder durch die Zahlen von 1 bis 64 nach der Regel des Springerzuges zu besetzen, zuerst im Jahre 1759 vor, und zwar im 15. Bande der Memoiren der Berliner Akademie. Dort erzählt der berühmteste deutsche Mathematiker des vorigen Jahrhunderts Leonhard Euler, dass die Aufgabe in einer Gesellschaft von jemand vorgetragen sei, dem es zugleich gelang, von jedem Felde als Anfangsfeld aus das Problem richtig zu lösen. Euler fasste das Problem vom Standpunkte des Mathematikers auf, korrespondierte darüber mit Bertrand in Genf und veröffentlichte in der citierten Abhandlung Methoden, durch welche man aus jedem durch leer gebliebene Felder misslungenen Versuche allmählich zu einer richtigen Lösung gelangen muss. Ferner fügte Euler dann erschwerende Bedingungen hinzu, wie z. B. die ist, dass erst die 32 die Hälfte des Schachbretts bildenden Felder sämtlich besetzt sein müssen, ehe man zur andern Hälfte übergehen darf. In derselben Richtung wie Euler arbeitete an dem Probleme auch Vandermonde, Mitglied des französischen National-Instituts, dessen Abhandlung, welche die Aufgabe als eine der Geometrie der Lage betrachtete, in den Mémoires de Paris 1771 erschien. Dann gab 1773

Colini in Mannheim in einer besonderen Schrift eine Methode an, welche zwar nur zu einem kleinen Teile der vielen Lösungen des Problems, zu dieser aber mit Sicherheit führt. Diesen älteren Methoden stehen die von einigen neueren französischen Gelehrten gegenüber, welche von vornherein Prinzip in den Lauf des Springers bringen, während die Methoden Eulers und Vandermondes im wesentlichen nur darauf hinzielten, einen willkürlich angefangenen Springerlauf schliesslich so zu verbessern, dass ein richtiger Rösselsprung entsteht. Diese französischen Gelehrten sind namentlich die Herren Polignac und Laquière. Polignac veröffentlichte seine Rösselsprung-Untersuchungen teils in den Berichten der Pariser Akademie vom April 1861, teils im Jahrgang 1880 des „Bulletin de la Société Mathématique de France". Der obengenannte Jahrgang enthält auch die inhaltreiche Abhandlung von Laquière über das Rösselsprung-Problem. Von den Untersuchungen, welche das Rösselsprung-Problem in einem Rechteck von a mal b Feldern behandeln, ist die wichtigste die von Herrn Flye-Sainte-Marie, die im Aprilheft des Jahrgangs 1877 des Bulletin de la Société Mathématique de France veröffentlicht ist. Er erledigte in dieser Untersuchung den Fall, dass 4 mal 8 quadratisch geordnete Felder vorhanden sind, mit grösster Vollständigkeit, indem er sogar die genannte Zahl der möglichen Rösselsprünge berechnet, während doch die Anzahl der möglichen Rösselsprünge bei 8 mal 8 Feldern noch nicht einmal annähernd bestimmt ist. Endlich erweiterte der Verfasser dieses Buches das Rösselsprung-Problem dahin, dass statt eines Quadrats mit 8 mal Feldern ein Würfel mit 4 mal 4 mal 4 Fächern vorliegt, und zwar im Jahrgang 1892 der „Naturwissenschaftlichen Wochenschrift“.

C. Methoden Eulers und Vandermondes.

Wenn der Aufgabe, die 64 Felder des Schachbretts nacheinander vom Springer durchlaufen zu lassen, auf irgend eine Weise genügt ist, so lassen sich sehr mannigfache Änderungen des Ganges daraus ableiten. Namentlich lässt sich von einem Felde an, aus dem der Springer in das letzte Feld gelangen kann, die Reihenfolge der Felder umkehren. Wir gehen beispielsweise von dem folgenden Rösselsprung aus:

34	21	52	9	36	19	54	7
51	10	35	20	53	8	37	18
22	33	12	61	28	45	6	55
11	50	29	44	13	62	17	38
32	23	60	63	46	27	56	5
49	64	43	30	59	14	39	16
24	31	2	47	26	41	4	57
1	48	25	42	3	58	15	40

Da hier das mit 11 besetzte Feld das Schlussfeld 64 rösselt, so erhält man aus diesem Rösselsprung einen neuen, wenn man die Zahlen 1 bis 11 in ihren Feldern stehen lässt, dann aber die Zahl 64 durch 12, 63 durch 13, 62 durch 14 u. s. w. ersetzt, so dass schliesslich aus dem ursprünglich mit 12 bezeichneten Felde das die Zahl 64 aufnehmende Schlussfeld wird. Da in dem ursprünglichen Quadrate auch das Feld 47 sich mit dem Felde 64 rösselt, so erhält man aus dem ursprünglichen Rösselsprung einen zweiten abgeleiteten, wenn man die Zahlen 1 bis 47 in ihren Feldern stehen lässt, dann aber die Zahlen 48 bis 64 beziehungsweise durch die Zahlen 64 bis 48 ersetzt. Dieses Verfahren lässt sich dadurch beliebig fortsetzen, dass irgend ein das neu gewonnene Schlussfeld rösselnde Feld gerade so behandelt wird, wie oben die Felder 11 oder 47 behandelt wurden. Ja, es lässt sich sogar auf solche Weise erzielen, dass irgend ein vorgeschriebenes Feld Schlussfeld wird. Um dies deutlich erkennen zu lassen, wollen wir jedes der 64 Felder des Schachbretts kurz mit derjenigen Zahl bezeichnen, die in unserer obigen Figur hineingesetzt ist. Dann lässt sich der erste von den beiden abgeleiteten Rösselsprüngen kurz so bezeichnen:

1 bis 11, 64 bis 12.

Da das neue Schlussfeld 12 das Feld 53 rösselt, so folgt hieraus wieder der Rösselsprung:

1 bis 11, 64 bis 53, 12 bis 52.

Hieraus entsteht, weil das Feld 52 das Feld 33 rösselt:

1 bis 11, 64 bis 53, 12 bis 33, 52 bis 34 u. s. w.

Um nun z. B. das mit 40 bezeichnete Feld rechts unten zum Schlussfeld zu machen, beachte man die Springerzug-Folge:

64 — 29 — 30 — 41 — 40

und gestalte demgemäss den ursprünglichen Rösselsprung auf folgende Weise um:

1) 1 bis 29, 64 bis 30
2) 1 bis 29, 64 bis 41, 30 bis 40,

wodurch die gestellte Bedingung, dass das mit 40 besetzte Feld Schlussfeld werden soll, auf kürzeste Weise erfüllt ist. Man erkennt leicht, dass man sogar auf äusserst mannigfaltige Weise einen vorliegenden Rösselsprung in einen andern mit vorgeschriebenem Schlussfeld verwandeln kann, und ferner, dass man auf eben solche Weise auch jedes Feld zum Anfangsfeld machen kann, weil man bei der vorherigen Betrachtung jeden Gang des Springers genau rückwärts lesen kann.

Diese Methode, einen Rösselsprung so umzuformen, dass ein beliebig vorgeschriebenes Feld Schlussfeld wird, bildet die Grundlage der Lösung der für die praktische Herstellung von Rösselsprüngen wichtigen Aufgabe, eine durch den Springer erfolgte Felderbesetzung, die noch etliche nicht mehr erreichbare Felder leer gelassen hat, so zu verwandeln, dass die leeren Felder ausgefüllt werden und also ein richtiger Rösselsprung entsteht. Um die Lösung dieser

Aufgabe zu verdeutlichen, nehmen wir an, es sei jemand gelungen, 62 Felder des Schachbretts nacheinander durch Springerzüge zu bedecken, es seien ihm aber dabei 2 Felder leer und unerreichbar geblieben. Die Anordnung, auf die er gestossen ist, sei die folgende, wobei die leer gebliebenen Felder mit den Buchstaben a und b besetzt sind:

7	18	47	30	5	16	45	28
48	31	6	17	46	29	4	15
19	8	49	52	39	60	27	44
32	53	40	59	42	51	14	3
9	20	a	50	61	38	43	26
54	33	62	41	58	25	2	13
21	10	35	56	23	12	37	b
34	55	22	11	36	57	24	1

Hier kann man nun die Folge der Felder von 1 bis 62, durch welche der Springer geführt ist, gerade so wie oben die Folge von 1 bis 64 in eine andere verwandeln, in welcher das letzte Feld ein vorgeschriebenes ist. Demgemäss verwandele man die

Folge von 1 bis 62 in eine andere, in welcher das Schlussfeld ein Feld ist, das sich mit dem leer gebliebenen Felde a rösselt, wie es z. B. das hier von 10 besetzte Feld ist. Dadurch kommt die Zahl 62 auf das neu gewählte Schlussfeld, und es kann dann 63 auf das leer gebliebene Feld a geschrieben werden. Mit der erhaltenen Folge von 63 Feldern verfahre man auf dieselbe Weise, indem man sie in eine andere umwandelt, in welcher das letzte Feld einen Springer-Übergang nach dem zweiten leer gebliebenen Felde b gestattet. Schreibt man dann 64 in das Feld b, so hat man einen richtigen Rösselsprung erhalten. Wären mehr als zwei Felder leer geblieben, so würde man dieses Verfahren so oft wiederholen, wie noch leere Felder da sind. Um nun die Verwandlung des obigen Rösselsprungs-Versuchs in einen wirklichen Rösselsprung auszuführen, beachten wir, dass das leere Feld a vom Felde 10, 10 von 9 und 9 von dem vorläufigen Schlussfelde 62 gerösselt wird. Demgemäss bilden wir aus der Folge 1 bis 62 die neue Folge

1 bis 9, 62 bis 10,

der man nur das Feld a als 63tes anzuschliessen hat. Um nun die erhaltene Folge von 63 Feldern in eine solche zu verwandeln, der sich das Feld b anhängen lässt, hat man, wenn möglich, ein von a und ein von b gerösseltes Feld derartig zu bestimmen, dass in den beiden bestimmten Feldern zwei aufeinanderfolgende Zahlen stehen. Zwei solche Felder sind hier die von 58 und von 57 besetzten Felder. Dementsprechend verwandeln wir die obige Folge in:

1 bis 9, 62 bis 58, a, 10 bis 57,

woran man nur noch das Feld b anzuschliessen hat, um einen richtigen Rösselsprung zu erhalten. Besetzt man in demselben die aufeinanderfolgenden Felder der Reihe nach mit den Zahlen von 1 bis 64, so erhält man den folgenden Rösselsprung, der nunmehr keine leeren Felder mehr hat:

7	24	53	36	5	22	51	34
54	37	6	23	52	35	4	21
25	8	55	58	45	12	33	50
38	59	46	13	48	57	20	3
9	26	15	56	11	44	49	32
60	39	10	47	14	31	2	19
27	16	41	62	29	18	43	64
40	61	28	17	42	63	30	1

In dem so gefundenen Rösselsprung stehen die Zahlen 1 und 64 in zwei Feldern, die sich nicht rösseln. Schon mit Euler bevorzugt man aber solche Rösselsprünge, bei denen das Schlussfeld wieder das Anfangsfeld rösselt. Derartige Rösselsprünge, die man geschlossen nennt, haben die Eigentümlichkeit, dass jedes beliebige Feld als Anfangsfeld betrachtet werden kann, weil der Übergang von dem mit 64 besetzten Felde zu dem mit 1 besetzten durch einen Springerzug möglich ist. Unsere oben besprochene Methode, einen vorliegenden richtigen Rösselsprung in einen neuen zu verwandeln, bei dem ein beliebig gewähltes Feld Schlussfeld wird, liefert auch die Umwandelung jedes ungeschlossenen Rösselsprungs in einen geschlossenen. Man hat nämlich nur ein das Anfangsfeld rösselndes Feld als Schlussfeld zu bestimmen und jene Methode anzuwenden. Um z. B. den zuletzt gefundenen Rösselsprung in einen geschlossenen zu verwandeln, hat man die hier mit

11 bis 17, 10 bis 1, 18 bis 31, 64 bis 57, 32 bis 45, 56 bis 46

besetzten Felder beziehungsweise mit den aufeinanderfolgenden Zahlen

1 bis 7, 8 bis 17, 18 bis 31, 32 bis 39, 40 bis 53, 54 bis 64

zu besetzen. Dadurch erhält man den folgenden in sich zurücklaufenden und dadurch gewissermaassen 64fachen Rösselsprung (s. S. 202).

D. Methode von Colini.

Die Vermittelung zwischen den soeben besprochenen Methoden Eulers und Vandermondes und den neueren Methoden Polignacs und Laquières bildet die Methode, welche Colini in seiner in Mannheim 1773 erschienenen

48	27	36	9	46	25	56	11
35	6	47	26	37	10	45	24
28	49	8	5	64	55	12	57
7	34	63	54	3	38	23	44
50	29	4	1	62	53	58	13
33	18	31	52	39	2	43	22
30	51	16	61	20	41	14	59
17	32	19	40	15	60	21	42

Schrift „Solution du problème du Cavalier au jeu des échecs“ niedergelegt hat. Hiernach soll man sich das Schachbrett in zwei Gebiete geteilt denken, nämlich das Mittelquadrat, das aus den 16 symmetrisch um die Mitte gelagerten Feldern besteht, und den Rahmen, der aus den übrigen 48 Feldern besteht. Dann lautet die Regel Colinis folgendermassen:

„Man besetze erst 12 Felder des Rahmens so, dass man vom 12ten Felde in das Mittelquadrat springen kann. In diesem besetze man 4 Felder, die entweder ein Quadrat oder einen Rhombus bilden. Darauf besetze man wieder 12 Felder des Rahmens, dann wieder 4 Felder des Mittelquadrats u. s. w.“

In der That erhält man auf solche Weise immer ohne Mühe und ohne Zweifel einen richtigen Rösselsprung, beispielsweise den folgenden:

40	23	52	7	38	21	50	5
53	8	39	22	51	6	37	20
24	41	14	47	30	61	4	49
9	54	31	62	15	48	19	36
42	25	46	13	64	29	60	3
55	10	63	32	45	16	35	18
26	43	12	57	28	33	2	59
11	56	27	44	1	58	17	34

E. Methode von Polignac und Laquière.

Auch die modernen Forscher in der Rösselsprung-Theorie betrachten, wie Colini, Teilquadrate von 4 mal 4 Feldern, nehmen aber nicht das Mittelquadrat, sondern die 4 Teilquadrate, die entstehen, wenn man durch die Mitte des Schachbretts zwei Parallelen zu den Rändern legt. Ein solches Teilquadrat liefert 4 geschlossene Springerläufe über 4 Felder, wie die folgende Figur verdeutlicht:

c	d	b	a
b	a	c	d
d	c	a	b
a	b	d	c

Hier haben je vier mit demselben Buchstaben gefüllte Felder die Eigenschaft, dass der Springer dieselben so zu durchlaufen vermag, dass er vom vierten Felde wieder auf das erste zurückgelangen kann, und zwar kann dieses Durchlaufen immer in zwei verschiedenen Richtungen geschehen, nämlich entweder im Sinne der Drehung eines Uhrzeigers oder im entgegengesetzten Sinne. Einen solchen Springerlauf über 4 Felder, die in einem Quadrate von 16 Feldern so liegen, wie in der obigen Figur die mit gleichen Buchstaben besetzten Felder, wollen wir kurz einen Viersprung nennen. Es giebt vier Arten von Viersprüngen, die wir nach den oben eingeschriebenen Buchstaben a, b, c, d unterscheiden. Man beachte, dass jeder der beiden Viersprünge a und c die vier Ecken eines Rhombus besetzt, während jeder der beiden Viersprünge b und d die vier Ecken eines schrägliegenden Quadrats besetzt. Man bezeichne sich nun in den vier Teilquadraten immer die 4 mal 4 Felder, welche 4 Viersprünge gleicher Art bilden. Dann erhält man im ganzen 16 bezeichnete Felder, die der Springer immer auf mehrfache Art so durchwandern kann, dass er vom 16ten Felde auf das erste zurückgelangen kann. Jeder Springerlauf über 16 derartig zusammengehörige Felder wollen wir einen Sechzehn-Sprung nennen, und zwar vom Typus A, B, C, D, je nachdem die vier besuchten Felder eines Teil-Quadrats dem Typus a, b c, d angehören. In der folgenden Figur liefern also die 16 mit a bezeichneten Felder einen Sechzehn-Sprung vom Typus A. Ebenso geben die mit b, mit c, mit d bezeichneten Felder Sechzehn-Sprünge, die beziehungsweise den Typus A, B, C oder D haben.

c	d	b	a	c	d	b	a
b	a	c	d	b	a	c	d
d	c	a	b	d	c	a	b
a	b	d	c	a	b	d	c
c	d	b	a	c	d	b	a
b	a	c	d	b	a	c	d
d	c	a	b	d	c	a	b
a	b	d	c	a	b	d	c

Wenn man nun den Springer irgend einen Sechzehn-Sprung immer so machen lässt, dass derselbe nach

Absolvierung desselben zu einem andern Sechzehn-Sprung übergehen kann, so erhält man stets einen richtigen geschlossenen Rösselsprung. So formierte Rösselsprünge zeigen, gegenüber den aus Versuchen hervorgegangen, mehr Symmetrie und Regelmässigkeit, die am deutlichsten hervortritt, wenn man sie graphisch darstellt, d. h. die Mitten aufeinanderfolgender Felder durch Strecken verbindet. Als Beispiel diene der folgende Rösselsprung, bei welchem die Typen der aufeinanderfolgenden Sechzehn-Sprünge C, D, A, B sind:

10	27	56	39	14	29	58	43
55	38	11	28	57	42	15	30
26	9	40	53	32	13	44	59
37	54	25	12	41	60	31	16
8	23	52	33	4	17	62	45
51	36	5	24	61	48	1	18
22	7	34	49	20	3	46	63
35	50	21	6	47	64	19	2

Bei diesem Rösselsprung sind die 16 Felder jedes Sechszehn-Sprungs in solcher Reihenfolge durchschritten, dass immer erst die vier Felder jedes Viersprungs nacheinander besucht sind. Es ist dies jedoch durchaus nicht erforderlich, wie der folgende Rösselsprung zeigt, der auch die Typenfolge C D A B, bei dem aber in jedem der vier Sechzehn-Sprünge zunächst immer nur drei Felder jedes Teil-Quadrats besetzt und dann erst die ausgelassenen Felder erledigt sind:

2	27	54	39	4	25	56	37
53	40	3	26	55	38	5	24
28	1	46	63	30	15	36	57
41	52	29	16	47	62	23	6
12	17	64	45	14	31	58	35
51	42	13	32	61	48	7	22
18	11	44	49	20	9	34	59
43	50	19	10	33	60	21	8

Es setzt sich dieser Rösselsprung also wohl aus 4 Sechzehn-Sprüngen, aber nicht aus 16 Viersprüngen zusammen.

Was diejenigen Rösselsprünge betrifft, die sich aus 16 vollständig erledigten Viersprüngen zusammensetzen, so lassen sich dieselben auf folgende Weise schematisch darstellen. Man hänge den Zeichen a, b, c, d für die vier Arten von Viersprüngen die Zahlen 1, 2, 3, 4 als Indices an, je nachdem der Viersprung in dem Teilquadrat oben links, oben rechts, unten rechts oder unten links gemeint ist. Dadurch lässt sich z. B. der erste von den beiden obigen Rösselsprüngen auf folgende Weise schematisch darstellen:

$$c_3 \; c_4 \; c_1 \; c_2 \; d_3 \; d_4 \; d_1 \; d_2 \; a_4 \; a_1 \; a_2 \; a_3 \; b_4 \; b_1 \; b_2 \; b_3.$$

Wenn man nun umgekehrt ein solches Schema und zugleich das Anfangsfeld kennt, so ist der ganze Lauf des Rösselsprungs eindeutig bestimmt, weil die angehängten Indices angeben, in welches Teil-Quadrat man nach Erledigung eines Viersprungs gelangen muss und dadurch jeder Zweifel über die Reihenfolge der Besetzung der Felder getilgt wird. So führt das Schema

$$c_1 \; c_4 \; c_3 \; c_2 \; d_1 \; d_4 \; d_3 \; d_2 \; a_2 \; a_1 \; a_4 \; a_3 \; b_2 \; b_1 \; b_4 \; b_3$$

zu dem folgenden geschlossenen Rösselsprung: (s. 209.)

Wenn man die Reihenfolge der 16 Zeichen eines Schemas unverändert lässt und nur den Anfang wechselt, so erhält man Rösselsprünge, welche zu den 63 gehören, die aus jedem geschlossenen Rösselsprunge durch Wechsel des Anfangsfeldes abgeleitet werden können.

In den obigen Beispielen sind immer die vier Viersprünge eines und desselben Typus nacheinander wiederholt und dadurch Sechzehn-Sprünge gebildet. Man gelangt jedoch bei einiger Aufmerksamkeit auch dann leicht zu wichtigen Rösselsprüngen, wenn man

3	18	53	38	15	32	51	34
54	39	2	17	52	35	14	31
19	4	37	56	29	16	33	50
40	55	0	1	36	49	30	13
5	22	57	44	9	28	63	48
58	41	8	21	64	45	12	27
23	6	43	60	25	10	47	62
42	59	24	7	46	61	26	11

immer nach Erledigung eines Viersprungs zu einem neuen Viersprung übergeht, unbekümmert darum, ob derselbe von gleichem oder von verschiedenem Typus ist. Bei dem folgenden Schema eines richtigen Rösselsprungs ist z. B. jeder Typus immer nur zweimal wiederholt:

$a_4 \; a_3 \; b_2 \; b_1 \; c_3 \; c_4 \; d_3 \; d_2 \; a_2 \; a_1 \; b_4 \; b_3 \; c_1 \; c_2 \; d_1 \; d_4.$

Dieses Schema liefert den folgenden Rösselsprung (s. S. 210).

Die nach der Methode von Polignac und Laquière auffindbaren Rösselsprünge zeichnen sich zwar vor allen übrigen durch Symmetrie und Eleganz aus; sie bilden aber doch nur eine kleine Gruppe in der Gesamtheit aller möglichen geschlossenen Rösselsprünge und können

51	58	13	38	53	32	11	34
14	39	52	57	12	35	54	31
59	50	37	16	29	56	33	10
40	15	60	49	36	9	30	55
23	62	41	4	17	28	47	8
42	1	24	61	48	5	18	27
63	22	3	44	25	20	7	46
2	43	64	21	6	45	26	19

deshalb in keiner Weise einen Beitrag zur Lösung der Hauptfrage liefern, welche eine Bildungsmethode verlangt, die von vornherein zu allen möglichen Rösselsprüngen führt und dadurch auch eine Berechnung ihrer Anzahl gestattet. Diese Hauptfrage ist bis jetzt noch nicht gelöst.

F. Rösselsprünge auf weniger als 64 Feldern.

Wenn man statt des Schachbretts mit seinen acht mal acht Feldern ein Quadrat oder Rechteck mit weniger Feldern zu Grunde gelegt, so vermindern sich die Schwierigkeiten für die Lösung der am Schluss von E angedeuteten Hauptfrage beträchtlich. Beispielsweise ist diese Hauptfrage vollständig gelöst für den

Fall, dass das Rechteck, in dem ein Rösselsprung verlaufen soll, aus 4 mal 8 Feldern besteht, also die Hälfte des Schachbretts ist. Die darauf bezügliche Untersuchung verdankt man Herrn Flye-Sainte-Marie (Bulletin de la Société Mathématique de France, 1877). Derselbe teilt zunächst die 32 Felder des halben Schachbretts in zwei Gruppen von je 16, wie die folgende Figur zeigt:

	a		a		a		a
	i		i		i		i
i		i		i		i	
a		a		a		a	

Die mit Buchstaben versehenen Felder bilden die eine Gruppe die übrigen Felder die andere Gruppe. Jede Gruppe hat 8 äussere und 8 innere Felder. In der obigen aus besetzten Feldern bestehenden Gruppe sind die 8 äusseren Felder durch den Buchstaben a, die 8 inneren durch den Buchstaben i gekennzeichnet. Es lässt sich nun streng beweisen, dass die folgenden drei Bedingungen notwendig erfüllt werden müssen, damit durch die 32 Felder ein richtiger Rösselsprung geführt werden kann:

1. Es ist notwendig, dass die 16 Felder jeder Gruppe nach einander durchlaufen werden;

2. von den beiden Feldern, auf denen jede durchlaufene Gruppe anfängt und aufhört, muss das eine ein äusseres, das andere ein inneres sein;

3. das Anfangsfeld und das Schlussfeld des ganzen Rösselsprungs müssen beide äussere Felder sein; es giebt daher keine geschlossenen Rösselsprünge.

Beachtet man diese Bedingungen, so gelangt man bei einiger Aufmerksamkeit zu allen denkbaren Rösselsprüngen, ohne Gefahr zu laufen, dass schliesslich Felder, die nicht mehr erreicht werden können, leer geblieben sind. Sobald man aber eine jener drei Bedingungen nicht festhält, erkennt man bald, dass unerreichbare Felder leer bleiben müssen. Ein durch Festhaltung der obigen Bedingungen entstandener Rösselsprung ist z. B. der folgende:

26	11	30	7	32	13	22	5
29	8	27	12	23	6	19	16
10	25	2	31	14	17	4	21
1	28	9	24	3	20	15	18

Da keine anderen Rösselsprünge existieren können, als solche, die den von Flye-Sainte-Marie aufgestellten Bedingungen gehorchen, so ist man auch imstande, die Gesamtzahl aller bei 4 mal 8 Feldern möglichen Rösselsprünge anzugeben. Es sind im ganzen 7772 Möglichkeiten vorhanden, den Springer ein solches Halb-Schachbrett durchlaufen zu lassen, wobei von zwei symmetrischen Rösselsprüngen immer nur der eine gezählt ist. Mit Hilfe dieser Resultate zeigte Laquière im Bulletin de la Société Mathématique de France (März 1880) die verschiedenen Möglichkeiten, auf einem vollständigen Schachbrett geschlossene Rösselsprünge von der besonderen Art herzustellen, dass der Springer erst nur die 32 Felder der einen Schachbrett-Hälfte vollständig erledigt, ehe er zu den 32 Feldern der andern Hälfte überspringt. Obwohl die so entstehenden Rösselsprünge nur einen winzigen Teil aller überhaupt möglichen bilden, so ergiebt sich doch für sie schon die stattliche Zahl:

31 054 144.

Es ist ein naheliegender, auch schon von Euler ausgesprochener Gedanke, durch die Gruppierung der Felder, auf denen ein Rösselsprung verläuft, eine aus irgend welchem Grunde interessierende Figur zu bilden. So lieben es die Unterhaltungszeitschriften, interessante oder elegante Figuren von Feldern vorzulegen, wie etwa die Figur des eisernen Kreuzes. Auch kann man dadurch, dass man vom gewöhnlichen Schachbrett gewisse Felder frei lässt, eine Figur bilden. So formierte der Verfasser zum 17. August 1886, dem hundertjährigen Todestage Friedrichs des Grossen, den folgenden Rösselsprung, bei dem die leeren Felder den Anfangsbuchstaben F von Friedrich bilden, während die Silben in den besetzten Feldern eine Stelle aus Schubart's Hymnus auf Friedrich den Grossen bilden.

				Rings	fall	ein	die
	Der	um		wie	Völ	chen	vom
	chen	ten	rer	Bei	der	ten	Gott
		Hel	wi	staun	gross	Wip	Ei
	nick	vor	ihm	fel	ser	Es	des
	den	Jah	die	und	To	im	Has
	ihm	ster	Sie	ren	stand	Frei	des
Gei	ben	Schaa	re	17/8 1786	Feld	der	er

Unter den verschiedenen Abarten des Rösselsprung-Problems sind am einfachsten diejenigen zu behandeln, bei denen wenigstens die Figur des Rechtecks beibehalten wird. Sehr bald erkennt man, dass dann bei weniger als 12 Feldern kein Rösselsprung möglich ist, und dass auch bei vier mal vier Feldern keine vollständige Besetzung aller Felder durch den Springer ausgeführt werden kann. Aber bei 3 mal 4 Feldern sind schon einige Rösselsprünge möglich, z. B.:

10	7	4	1
5	2	9	12
8	11	6	3

Bei Quadraten ist 25 die geringste Felderzahl, um Rösselsprünge zu ermöglichen. Als Beispiel diene der folgende:

5	22	17	12	7
16	11	6	23	18
21	4	25	8	13
10	15	2	19	24
3	20	9	14	1

G. Gleichsummige central-symmetrische Rösselsprünge.

Fügt man dem Eulerschen Rösselsprung-Problem erschwerende Bedingungen hinzu, so erfordern die Lösungen meist sehr grosse Geduld. Die härteste Geduldprobe bestand wohl vor einigen Jahrzehnten ein in Mähren auf dem Lande lebender pensionierter Beamter, namens Wenzelides, der sich die Aufgabe stellte, in die 64 Felder eines Schachbretts die Zahlen von 1 bis 64 so einzubeschreiben, dass dieselben nicht allein einen geschlossenen Rösselsprung bilden, sondern dass auch die 8 Zahlen in jeder horizontalen und in jeder vertikalen Reihe eine und dieselbe Summe, nämlich 260, ergeben. Nach Jahre lang fortgesetzten Bemühungen fand Wenzelides mehrere Lösungen seines Problems, die in der Berliner Schachzeitung veröffentlicht sind, und von denen hier drei (S. 216, 217, 218) folgen sollen, die zugleich central-symmetrische Rösselsprünge darstellen, d. h. solche, bei denen die Verbindungsstrecke zweier Felder, derer Zahlen sich um 32 unterscheiden, vom Zentrum halbiert wird. Man bemerke jedoch, dass die Rösselsprünge des Wenzelides keine magischen Quadrate darstellen, weil die in den beiden Diagonalen stehenden Zahlen nicht die konstante Summe 260 ergeben.

63	14	37	24	51	26	35	10
22	39	62	13	36	11	50	27
15	64	23	38	25	52	9	34
40	21	16	61	12	33	28	49
17	60	1	44	29	48	53	8
2	41	20	57	6	55	32	47
59	18	43	4	45	30	7	54
42	3	58	19	56	5	46	31

15	42	3	58	5	52	31	54
2	59	14	43	30	55	50	7
41	16	57	4	51	6	53	32
60	1	44	13	56	29	8	49
17	40	61	24	45	12	33	28
64	21	38	19	36	25	48	9
39	18	23	62	11	46	27	34
22	63	20	37	26	35	10	47

H. Rösselsprünge in den Fächern eines Würfels.

Die vom Verfasser angegebene Ausdehnung des Rösselsprung-Problems von zwei auf drei Dimensionen verlangt, die 4 mal 4 mal 4 würfelförmigen Fächer, in die ein Würfel zerlegt werden kann, mit den Zahlen von 1 bis 64 so zu besetzen, dass zwei aufeinanderfolgende Zahlen in einer von den drei Hauptrichtungen um 1 Fach, in irgend einer andern Hauptrichtung um 2 Fächer von einander abstehen. Wir haben uns also eine Schicht von 4 mal 4 würfelförmigen Fächern vorzustellen, die auf horizontaler Basis an einander anschliessen, und desshalb oben ein Quadrat von 4 mal

15	42	55	32	17	34	27	38
54	31	16	41	28	37	18	35
43	14	29	56	33	20	39	26
30	53	44	13	40	25	36	19
51	4	57	8	45	12	21	62
58	7	52	1	24	61	46	11
3	50	5	60	9	48	63	22
6	59	2	49	64	23	10	47

4 Feldern bilden. Auf dieser Schicht ruht eine zweite ebenso beschaffene Schicht, auf dieser eine dritte und auf ihr eine vierte kongruente Schicht. Jedes der so entstandenen 64 Fächer denken wir uns nun durch eine Zahl besetzt, und es handelt sich darum, die Fächer durch die Zahlen von 1 bis 64 so zu besetzen, dass zwei aufeinanderfolgende Zahlen in zwei Fächern stehen, die in der einen der drei Hauptrichtungen um zwei, in einer andern um ein Fach entfernt sind. Die drei Hauptrichtungen sind natürlich erstens von links nach rechts, zweitens von vorn nach hinten, drittens von oben nach unten oder umgekehrt. Man beachte daher, dass jedes der 8 Eckfächer 6 Ausgänge hat, dass zweitens von jedem der 24 Kantenfächer, die nicht

Eckfächer sind, 8 Fächer durch den Raum-Springer erreicht werden können, dass drittens jedes der 24 Flächen-Fächer, die nicht Kantenfächer sind, 10 Fächer rösselt, und dass viertens von jedem der 8 ganz im Innern um die Mitte herum liegenden Fächer 12 Fächer auf die angegebene Weise erreicht werden können. Die grosse Anzahl der in einem Würfel von jedem Fach aus durch den räumlichen Springerzug erreichbaren Fächer macht das Problem, derartige Würfel-Rösselsprünge zusammenzustellen, besonders interessant. Ebenso gewinnt das Problem, umgekehrt einen in 64 Silben aufgegebenen Rösselsprung zu lösen, dadurch bedeutend an Interesse, dass man die Silben statt in 8 mal 8 Feldern in 4 mal 4 mal 4 Fächer geschrieben denken muss. Da das Papier nur zweidimensional, ein Silben-Würfel-Rösselsprung aber dreidimensional ist, so kann derselbe nur in Quadraten von je 16 Feldern angegeben werden, die man sich als die Oberflächen der in 4 Schichten von oben nach unten liegenden Fächer vorstellen mag. Z. B.:

Erste Schicht.

jung	grünt	he	Doch
lacht	die	fast	und
es	frän	ne	run
Son	ter	spriesst	lich

Zweite Schicht.

Früh	ter	klom	dem
be	In	ger	Lie
len	ling	Wal	men
de	lust	be	Jun

Dritte Schicht

du	dich	ne	lang
Tö	ge	flö	ich
schon	Wie	zend	zo
Schluck	gne	hör	test

Vierte Schicht

Und	will	trü	auch
be	Nach	dein	kom
sei	ist	gall	lig
ti	see	men	Lied

Die Lösung dieses Würfel-Rösselsprungs ist folgende:

10	7	22	17
21	18	9	6
8	11	20	23
19	24	5	12

27	62	15	2
14	1	26	63
61	28	3	16
4	13	64	25

42	37	56	51
55	52	43	40
38	41	50	53
49	54	39	44

57	30	47	36
48	33	58	31
29	60	35	46
34	45	32	59

Die Methode, nach welcher der Verfasser diesen Würfel-Rösselsprung gebildet hat, ist im allgemeinen der neueren französischen Methode für die Herstellung gewöhnlicher Rösselsprünge nachgebildet, indem immer je vier aufeinanderfolgende Zahlen einen Viersprung in einem Quadrate bilden, dessen Ebene einer der sechs Seitenflächen des Würfels parallel ist. Nach einem anderen etwas komplizierteren Gesetze ist der folgende Würfel-Rösselsprung zusammengesetzt:

24	39	58	9
19	28	51	62
38	45	4	11
47	32	17	64

35	44	3	14
50	31	18	1
23	42	55	8
20	27	52	61

22	29	54	59
25	40	57	10
48	33	16	63
37	46	5	12

49	34	15	2
36	43	6	13
21	30	53	60
26	41	56	7

Es ist naheliegend, den dreidimensionalen Rösselsprung vom Würfel auf das rechtwinklige Parallelepipedon auszudehnen. Als Beispiel diene der folgende Rösselsprung, der in 3 mal 4 mal 6 Fächer verläuft:

Erste Schicht.

61	14	59	10	51	6
2	25	72	15	66	19
27	44	31	48	35	50

Zweite Schicht.

58	11	62	7	54	9
71	22	69	18	63	16
30	41	28	45	38	47

Dritte Schicht.

3	60	13	56	5	52
26	1	24	65	20	67
43	32	39	36	49	34

Vierte Schicht.

12	57	4	53	8	55
23	70	21	68	17	64
40	29	42	33	46	37

§ 21.

Boss-Puzzle oder Fünfzehner-Spiel.

Seit langer Zeit hat kein Geduldspiel ein derartiges Interesse bei der ganzen gebildeten Menschheit hervorgerufen, als in den Jahren 1879 und 1880 das in Deutschland unter dem Namen „Boss - Puzzle,“ in Frankreich unter dem Namen „Jeu du taquin“ (Neck-Spiel), in England unter dem Namen „Fifteenth-Puzzle“ eingeführte Spiel. Monate lang bildeten die an dieses Spiel sich anknüpfenden Erörterungen eine stehende Rubrik in Journalen und Zeitungen. Selbst in Strassenbahnwägen konnte man die kleinen Kästchen mit den 15 Holzklötzchen erblicken und unruhige Hände darin schieben sehen. Unternehmende Wirte luden zu einem Boss-Puzzle-Tournier ein, in welchem ein vom Wirt gestelltes Problem gegen Auszahlung einer hohen Belohnung gelöst werden sollte. Natürlich wurde es dann nicht gelöst, weil es zu der Gruppe der unlösbaren Probleme gehörte, wie aus dem Folgenden ersichtlich sein wird.

Aber auch ernste Gelehrte widmeten dem neuen Geduldspiel ihr Interesse und ihre Zeit. Die erste mathematische Behandlung des Spiels erschien schon 1879 in dem „American Journal of mathematics pure and applied“ und hatte den Mathematiker Woolsey

Johnson zum Verfasser. Eine Verallgemeinerung der Theorie dieses Gelehrten veröffentlichte dann in demselben Journal Professor Story. In Deutschland gab der Verfasser dieses Buches eine gemeinverständliche, für Laien bestimmte Erörterung des Spiels. Dieselbe erschien 1880 in Hamburg als kleine Broschüre unter dem Titel „Theoretische Entscheidung über das Boss-Puzzle-Spiel, allgemein verständlich dargestellt mit Anleitung zur schnellen Bildung lösbarer und unlösbarer Aufgaben.“ In den folgenden Auseinandersetzungen schliesst sich der Verfasser im wesentlichen an die in diesem Büchelchen niedergelegten Erörterungen an, da die von anderen aufgestellten theoretischen Prüfungen des Spiels für Nicht-Mathematiker schwerer verständlich sind. Mit Recht wird man nach dem Erfinder dieses fesselnden Geduldspiels fragen. Darüber ist nichts weiter bekannt, als was der Mathematiker Sylvester, Professor an der Hopkins-Universität zu Baltimore, auf der Jahresversammlung der „Association française pour l'avancement des sciences“ in Reims mitteilte. Danach soll im Dezember 1878 das Spiel von einem taubstummen Amerikaner erfunden sein, als derselbe Nummern, die in einem Kästchen lagen und in Unordnung geraten waren, in die natürliche Reihenfolge bringen sollte. Aus irgend welchem Grunde nahm er eine Nummer heraus, und suchte nun, durch blosses Schieben sein Ziel zu erreichen.

Wir gehen nun zu der Errörterung des ursprünglichen Boss-Puzzle-Problems über. Dasselbe verlangt, in einem quadratischen Kästchen, das für 16 gleich grosse Steine mit quadratischer

Oberfläche gerade Platz hat, aber nur 15 solch mit den Zahlen von 1 bis 15 beschriebene und sich berührende Steine enthält, diese Steine, wenn sie beliebig liegen, durch blosses Verschieben so zu ändern, dass die folgende Figur entsteht:

1	2	3	4
5	6	7	8
9	10	11	12
13	14	15	

Die durch diese Figur bestimmte Stellung der 15 Steine zu einander wollen wir die reguläre Stellung nennen. Beispielweise sei die folgende Stellung durch Verschieben in die reguläre überzuführen:

1	6	2	3
5	10	7	4
11	8	12	15
9	13	14	

Unter anderm wird man dieses Problem dadurch lösen können, dass man bei der gegebenen Anfangs-Stellung zunächst den mit 15 beschriebenen Stein auf das leere Feld rückt, und dann die drei Steine 11, 8, 12 nach rechts schiebt. Aus der so gewonnenen Stellung:

1	6	2	3
5	10	7	4
	11	8	12
9	13	14	15

kann man nach und nach die folgenden Stellungen leicht durch Schieben erreichen:

1	6	2	3
5	10	7	4
9	11	8	12
13	14	15	

1	6	2	3
5	10	7	4
9	11		8
13	14	15	12

1		2	3
5	6	7	4
9	10	11	8
13	14	15	12

1	2	3	4
5	6	7	
9	10	11	8
13	14	15	12

Aus der letzten dieser vier Stellungen kann man nun aber die reguläre Stellung sofort dadurch erreichen, dass man die Steine 8 und 12 nach aufwärts schiebt.

Es fragt sich zunächst, wieviel Probleme möglich sind, d. h., wieviel verschiedene Anordnungen sich den 15 Steinen geben lassen, wobei vorausgesetzt werden soll, dass bei jedem Problem das leere Feld, wie bei der regulären Stellung, rechts unten ist. Um zu finden, wieviel Anordnungen sich bei 15 Dingen bewerkstelligen lassen, fangen wir mit 2 Dingen a und b an. Dieselben können nur zwei Anordnungen haben, nämlich ab und ba. Bei drei Dingen giebt es schon dreimal soviel, also 6, weil a vor bc und vor cb gesetzt werden kann, und ebenso zwei Anordnungen da sind, die mit b beginnen und zwei, die mit c anfangen. Hieraus folgt wieder, dass vier Dinge a, b, c, d viermalsoviel, also 4 . 3 . 2 = 24 verschiedene Anordnungen haben können. Also kann man, so fortfahrend, erkennen, dass die 15 Steine des Boss-Puzzle

2 . 3 . 4 . 5 . 6 . 7 . 8 . 9 . 10 . 11 . 12 . 13 . 14 . 15

Anordnungen haben können. Rechnet man dieses Multiplikations-Exempel aus, so erhält man die stattliche Anzahl von

1 Billion 307 674 Millionen und 365 000

Boss-Puzzle-Aufgaben. Dieselbe Zahl ergiebt sich natürlich auch, wenn man fragt, wieviel Platz-Verschiedenheiten eine Tischgesellschaft von 15 Personen haben kann, wobei es natürlich schon als eine neue

Platzordnung zu betrachten ist, wenn auch nur zwei Personen ihre Plätze vertauscht haben. Wollte also eine solche Tischgesellschaft von 15 Personen alle Tage anders sitzen, so brauchte sie über 3600 Millionen Jahre dazu, alle denkbaren Anordnungen durchzusitzen; und selbst, wenn die 15 Personen imstande wären, alle Sekunde eine neue Ordnung einzunehmen, so würden sie ohne Unterbrechung über 41000 Jahre daran arbeiten müssen, ehe sie alle möglichen Platzverschiedenheiten durchprobiert hätten. Dieses Beispiel giebt vielleicht eine Ahnung von der Grösse der berechneten Anzahl aller Boss-Puzzle-Aufgaben.

Wer eine dieser Aufgaben zu lösen unternimmt, wird bald die ersten 12 Steine durch Schieben auf ihre richtigen Plätze bringen können. Dann aber wird er in der vierten Reihe eine der folgenden 6 Stellungen erhalten müssen:

1) 13, 14, 15; 2) 14, 15, 13; 3) 15, 13, 14;
4) 13, 15, 14; 5) 14, 13, 15; 6) 15, 14, 13.

Die Erfahrung wird dann jedem bald zeigen, dass man das durch die erste Stellung angegebene Ziel auch bei der zweiten und dritten Stellung durch Mitbenutzung der Steine 9, 10, 11, 12 der dritten Reihe erreichen kann, und zwar nach mindestens 18maligem Rücken eines Steines, dass man aber bei der vierten, fünften und sechsten Stellung die geforderte reguläre Stellung n i c h t erreichen kann. Die Lösung einer solchen Aufgabe kann nur durch Betrug oder Taschenspielerei bewerkstelligt werden. Man gelangt nämlich immer dann zur Lösung, wenn man irgendwann, statt zu schieben, einmal zwei Steine ihre Plätze wechseln lässt, was aber natürlich der Spielregel widerspricht.

Um der Theorie der Boss-Puzzle-Aufgaben näher treten zu können, gehen wir von folgenden einfachen Überlegungen aus. Unter „Zug“ im Boss-Puzzle-Spiel verstehen wir die Verschiebung eines Steines auf den benachbarten leeren Platz. Bewegen wir nun einen Stein von seinem anfänglichen Platze fort, schieben dann so, dass er weiter wandern kann, und lassen ihn nun so beliebige und beliebig unterbrochene Wanderungen ausführen, aber derartig, dass er schliesslich einmal auf seinen alten Platz zurückkehrt, so hat der Stein immer eine gerade Anzahl von Zügen ausgeführt, gleichviel, welche Platz-Änderungen die übrigen Züge dabei erlitten haben. Denn jeder Zug in horizontaler oder vertikaler Richtung muss irgendwann und irgendwo einmal wieder durch eine parallele Verschiebung in entgegengesetzter Richtung rückgängig gemacht sein. Was hiermit von einem Stein als richtig erkannt ist, muss auch für das leere Feld gelten, welches ja auch bei jedem Zuge horizontal oder vertikal um einen Schritt vorwärts oder rückwärts wandert. Hieraus geht aber folgende Wahrheit hervor: „Wird eine Stellung der 15 Steine durch beliebig fortgesetzte Verschiebung in eine andere Stellung überführt, bei welcher der leere Platz wieder da ist, wo er vorher war, so ist die Gesamtsumme aller der während der Überführung der einen Stellung in die andere ausgeführten Züge eine gerade Zahl.“ Bei jeder solchen Verschiebung kann man sich denken, dass der zuerst auf den leeren Platz unten rechts gerückte Stein nach einander mit sämtlichen sonst noch gezogenen Steinen den *Platz wechselt*. Beispielsweise ziehen wir, von der regulären Stellung ausgehend, nach einander die Steine:

12, 8, 7, 3, 2, 6, 10, 14, 15, 12,

sodass wir als neue Stellung erhalten:

1	6	2	4
5	10	3	7
9	14	11	8
13	15	12	

Die vorgenommene Verschiebung können wir uns nun durch eine *Vertauschungsfolge* ersetzt denken, wenn wir uns vorstellen, dass der leere Platz immer von dem zuerst gezogenen Stein 12 besetzt ist. Stein 12 tauscht dann zuerst mit 8, dann mit 7, dann mit 3, mit 2, mit 6, mit 10, mit 14, endlich mit 15. Es sind also bei den 10 Zügen 8 Platzwechsel vorgekommen, nämlich 2 Platzwechsel weniger als Züge, weil das Hineinrücken der 12 in den leeren Platz und das Entfernen von demselben keinen Tausch von Steinen veranlasst. So muss es aber bei jeder noch so komplizierten Verschiebung sein; immer kann man sagen, dass der zuerst auf den leeren Platz gerückte Stein mit allen sonst noch gezogenen Steinen tauscht. Dabei ist die Zahl der gedachten Vertauschungen immer um 2 kleiner als die Zahl der Züge. Da nun die Zahl der Züge, wie schon oben eingesehen ist, eine gerade sein muss, eine um 2 verminderte gerade Zahl aber wiederum gerade ist, so ist auch die Zahl der vorgekommenen Vertauschungen eine gerade. Statt die Vertauschung mit Stein 12 zu beginnen, kann man sie natürlich mit irgend einem der gezogenen Steine beginnen, z. B. mit 3. Es tauscht dann 3 mit 2, dann mit 6, mit 10, mit 14, mit 15, dann über das leere Feld schräg mit 12, dann mit 8, endlich mit 7. Oft kehren Steine im Laufe der Verschiebungen wieder auf ihre Plätze zurück. Da sie dazu eine gerade Zahl von Zügen brauchen, so bleibt die Zahl der Vertauschungen gerade, wenn man solche Vertauchungen die aus rückkehrenden Steinen entstanden sind, nicht mitzählt. Zieht man z. B., von der regulären Stellung ausgehend, nach einander die Steine

15, 14, 10, 11, 7, 6, 11, 10, 14, 15,

so kann man, statt 15 mit 14, dann mit 10, mit 11, mit 7, mit 6, mit 11 mit 10, endlich mit 14 tauschen zu lassen, auch bloss 11 mit 7 und dann 11 mit 6 tauschen lassen, um die neue Stellung zu erzielen. Jedenfalls erhält man auch dann eine gerade Anzahl von Vertauschungen. Wenn also zwei Stellungen durch Verschieben aus einander hervorgehen, so kann man sie auch durch eine gerade Anzahl von Vertauschungen zweier benachbarter Steine in einander überführen. Befolgt man dabei nun nicht gerade die aus der Verschiebung selbst resultierende Vertauschungs-Ordnung, sondern irgend welche andere, bei der man auch das Ziel erreicht, so macht man vielleicht mehr oder weniger Vertauschungen, jedenfalls aber eine gerade Zahl mehr oder weniger, weil man eine gerade Zahl von Vertauschungen vornehmen muss, um aus einer gewissen Anordnung von Dingen dieselbe Anordnung wieder zu erhalten. Hieraus kann man also das folgende Resultat erschliessen: „Ist eine alte Stellung der 15 Steine des Boss-Puzzle durch blosses Verschieben in eine neue übergeführt, bei welcher der leere Platz wieder auf sein altes Feld zurückgekehrt ist, so muss die Zahl der Vertauschungen, die man mit je zwei benachbarten Steinen vornehmen muss, um ebenfalls aus der alten Stellung die neue zu erhalten, gerade sein."

Wenn man nun zwei nicht benachbarte Steine ihre Plätze wechseln lässt, z. B. bei der regulären Stellung 2 und 11, so kann man diesen Tausch auch durch mehrmalige Vertauschung je zweier benachbarter Steine ersetzen. Man hat nämlich 2 mit 3, 2 mit 7, 2 mit 11 und dann nur noch 7 mit 11, 7 mit 2 die Plätze wechseln zu lassen. Man sieht also, dass die Vertauschung zweier nicht benachbarter Steine immer dadurch geleistet werden kann, dass man soviel Vertauschungen je zweier Nachbarsteine vornimmt, als die um 1 verminderte doppelte Anzahl der Züge beträgt, welche man von dem Platz des einen Steins zum Platz des andern Steins machen müsste. Wenn man also Vertauschungen zweier nicht benachbarter Steine vornimmt, so erreicht man dasselbe Ziel auch dadurch, dass man eine gerade Anzahl öfter zwei benachbarte

Steine vertauscht. Wir erhalten deshalb das folgende wichtige Resultat:

Wenn man zwei durch blosses Verschieben ineinander überführbare Stellungen der 15 Steine des Boss-Puzzle dadurch ineinander überführt, dass man auf irgend welche Weise immer je zwei beliebige Steine mit einander vertauscht, so nimmt man stets eine gerade Zahl von Vertauschungen vor.

Es wird zweckmässig sein, dieses Resultat durch einige *Beispiele* zu erhärten:

1. Man gehe von der regulären Lage der Steine aus, schiebe auf den leeren Platz den Stein 12, auf den dann leer gewordenen Platz den Stein 11, auf den so erhaltenen leeren Platz den Stein 15 und auf dessen Platz den Stein 12. Dann kann man die neue Stellung auch dadurch erzielen, dass man erst Stein 11 und 12 und darauf Stein 12 mit Stein 15 vertauscht. Man hat dann zwei, also eine gerade Anzahl von Vertauschungen vorgenommen.

2. Man gehe von der regulären Stellung aus und rücke auf den jedesmal leeren Platz die Steine:

12, 11, 10, 14, 15, 10, 14, 9, 13, 15, 10, 14,
9, 10, 15, 13, 10, 9, 11, 12.

Dadurch erhält man als neue Stellung (s. S. 234). Die neue Platzordnung geht aber auch aus der alten durch eine gerade Anzahl von Vertauschungen hervor, nämlich durch den Platzwechsel der Steine 9 und 10, sowie der Steine 14 und 15.

1	2	3	4
5	6	7	8
10	9	11	12
13	15	14	

3. Man verschiebe die Stellung.

1	3	4	7
5	2		8
9	6	11	12
13	14	10	15

in

1	2	3	4
5	6		7
9	10	11	8
13	14	15	12

Dies kann z. B. durch die Züge

11, 10, 15, 12, 8, 7, 4, 3, 2, 6, 10, 11

bewerkstelligt werden. Wie man nun auch versuchen mag, durch Platzwechsel von Steinen aus der alten Stellung zur neuen zu gelangen, immer wird man eine gerade Zahl von Vertauschungen vorzunehmen haben, beispielsweise durch aufeinanderfolgendes Wechseln der Steine:

15 und 4, 15 und 3, 15 und 10, 10 und 2,
10 und 6, 8 und 4, 8 und 12, 7 und 4.

Dies sind aber 8 Vertauschungen.

Unsere obigen Überlegungen ergeben auch die Umkehrung des oben ausgesprochenen Resultats. Diese Umkehrung lässt sich so aussprechen:

Eine alte Stellung der 15 Steine des Boss-Puzzle ist in eine neue Stellung überführbar oder nicht, je nachdem die Anzahl der irgendwie vorgenommenen Vertauschungen, welche gleichfalls aus der alten Stellung die neue herstellen können, gerade ausfällt oder nicht.

Die folgenden Beispiele bestätigen diese Regel.

1. Als das Boss-Puzzle-Spiel aufgekommen war und viele Menchen beschäftigte, spielte namentlich die Aufgabe eine Rolle, welche verlangt, die Stellung, bei der Stein 15 vor Stein 14 am Schluss steht, sonst aber alle Steine die regulären Plätze einnehmen, in die reguläre Stellung zu verschieben. Diese Aufgabe erweist sich nach unsrer Regel als unlösbar, weil eine einzige Vertauschung zweier Steine dasselbe Ziel erreicht, und 1 eine ungerade Zahl ist. Aus demselben Grunde sind auch die beiden Aufgaben unlösbar, bei denen die Steine 1 bis 12 an ihren richtigen Plätzen stehen, dann aber 14, 13, 15 oder 15, 14, 13 folgt. Dagegen sind lösbar die beiden Aufgaben, bei denen die Steine der drei ersten Reihen wieder regulär stehen, dann aber in der vierten Reihe

14, 15, 13 oder 15, 13, 14

folgt. Denn hier erreicht man durch 2 Vertauschungen die reguläre Stellung 13, 14, 15 und 2 ist eine gerade Zahl.

2. Man hat sich die Aufgabe gestellt, durch Verschieben die erste der beiden folgenden Stellungen in die zweite überzuführen:

1	2	3	4
5	6	7	8
9	10	11	12
15	14	13	

in

4	3	2	1
5	14	13	12
6	15		11
7	8	9	10

Unsere zweite Regel entscheidet sofort darüber, ob es möglich oder unmöglich ist. Man schiebe zunächst so, dass der leere Platz bei beiden Stellungen an demselben Orte ist, also etwa in der ersten Stellung 12 auf den leeren Platz und auf den dadurch leer gewordenen Platz den Stein 11. Dann kann man etwa so tauschen:

4 mit 1, 2 mit 3, 9 mit 6, 15 mit 7, 14 mit 8,
13 mit 9, 12 mit 10, 14 mit 12, 15 mit 13, 14 mit 15.

Da man durch zehn, also eine gerade Zahl von Vertauschungen, auch zum Ziele gelangen kann, so ist die gestellte Aufgabe lösbar.

3. Um zu prüfen, ob man die Stellung:

4	3	2	1
8	7	6	5
12	11	10	9
	15	14	13

in die reguläre verschieben kann, schiebe man 13, 14, 15 nach links, sodass der leere Platz an seine richtige Stelle kommt. Dann erkennt man sofort, dass man nur die Steine 4 und 1, 3 und 2, 8 und 5, 7 und 6, 12 und 9, 11 und 10, 13 und 15 zu vertauschen braucht, um die reguläre Stellung zu erzielen. Da 7 Vertauschungen, also eine ungerade Anzahl, zu diesem Ziele führen, so ist die Aufgabe unlösbar.

Aus unsern beiden, oben bewiesenen Regeln folgen ohne weiteres auch die folgenden vier Zusätze:

1. Zwei Stellungen, die sich durch Verschieben in eine und dieselbe dritte Stellung bringen lassen, sind auch ineinander verschiebbar.

2. Zwei Stellungen, die sich beide nicht in eine und dieselbe dritte Stellung verschieben lassen, sind ineinander verschiebbar.

3. Zwei Stellungen, von denen die eine in eine dritte verschoben werden kann, die andere aber nicht, lassen sich nicht ineinander verschieben.

4. Jede Stellung, die nicht durch Verschieben in die reguläre Stellung übergehen kann, wird zu einer Stellung, die in die reguläre verschoben werden kann, wenn man einmal oder eine ungerade Anzahl Male entweder zwei Steine vertauscht, oder, was auf dasselbe hinauskommt, einen Stein oder eine ungerade Anzahl von Steinen überspringt.

Wenn bei einer Boss-Puzzle-Aufgabe, welche die Verschiebung in die reguläre Stellung verlangt, viele Steine zufällig auf ihren richtigen Plätzen liegen, so wird man schnell die Zahl der Vertauschungen übersehen, die vorzunehmen sind, um die übrigen Steine richtig zu ordnen. Fällt jene Zahl gerade aus, so ist die Aufgabe lösbar, fällt sie ungerade aus, unlösbar. Wenn aber bei einer verwickelteren Aufgabe sehr wenige oder gar kein Stein an seinem richtigen Platze liegt, so wären viele Vertauschungen vorzunehmen, um die Entscheidung über die Lösbarkeit treffen zu können. Man thut dann gut, die Vertauschungen ordnungsmässig in Reihen zusammenzufassen und so übersichtlicher zu gestalten, wie das folgende Beispiel verdeutlicht:

Es sei zu prüfen, ob die erste der beiden folgenden Stellungen in die zweite reguläre verschoben werden kann:

2	4	6	8
5	3	10	12
1	14	11	7
9	13	15	

in

1	2	3	4
5	6	7	8
9	10	11	12
13	14	15	

Da auf dem ersten Felde oben links der Stein 2 liegt, der Stein 1 aber nachher liegen soll, so vertauscht man die beiden, dann legt man Stein 2 an die Stelle, wo 4 liegt, den Stein 4 dahin, wohin er gehört, also auf das Feld, wo Stein 8 liegt, dann werden in derselben Weise die Steine 12, 7, 10, 14, 13, 9 herausgenommen, und schliesslich wird der Stein 9 auf den Platz gelegt, wo anfänglich der Stein 1 lag. Auf diese Weise bilden die Steine:

1, 2, 4, 8, 12, 7, 10, 14, 13, 9

einen Vertauschungskreis, der aus 9 Vertauschungen besteht, an denen 10 Steine teilnehmen. Ebenso bilden die Steine 3 und 6 einen zweiten Kreis, der aus 1 Vertauschung von 2 Steinen besteht. Endlich bleiben noch drei Steine, nämlich 5, 11, 15 übrig, die schon auf ihren richtigen Plätzen liegen. Man kann also sagen, dass noch 3 Vertauschungskreise hinzukommen, deren jeder aus 0 Vertauschungen und einem Steine besteht. In jedem Falle kommt also heraus, dass ein Vertauschungskreis einen Stein mehr umfasst, als Vertauschungen darin vorkommen. In unserm Beispiel haben wir 5 Vertauschungskreise, also 5 Steine mehr als Vertauschungen. Folglich ist immer die Gesamtzahl der Vertauschungen gleich dem Überschuss der Steinzahl über die Zahl der Vertauschungskreise, in unserm Beispiel gleich 15 — 5 = 10. Da 10 gerade ist, so ist die Aufgabe lösbar. Demnach haben wir die folgende Hauptregel abgeleitet:

Eine Boss-Puzzle-Stellung ist in eine andere verschiebbar oder nicht, je nachdem der Überschuss der Steinzahl über die Zahl der Vertauschungskreise, die man durchwandern muss, um die alte Stellung in die neue zu verwandeln, gerade ausfällt oder ungerade.

Diese Hauptregel ermöglicht die denkbar schnellste Entscheidung über die Lösbarkeit von Boss-Puzzle-Aufgaben. Man verfährt behufs solcher Entscheidung am zweckmässigsten, wenn man sich die beiden Stellungen, die ineinander verschoben werden sollen, der Reihe der Zahlen nach, unter einander schreibt. Dann kann man mit dem Auge schnell und sicher die Vertauschungskreise erkennen, und demgemäss nach dem obigen Satze die Entscheidung treffen. Zur Verdeutlichung dienen die folgenden Beispiele:

1. Es sei zu prüfen, ob die erste der beiden folgenden Stellungen in die zweite reguläre verschiebbar ist:

6	8	12	11
5	14	4	1
13	15	2	9
3	10	7	

in

1	2	3	4
5	6	7	8
9	10	11	12
13	14	15	

Man schreibe die in gleichliegenden Feldern stehenden Zahlen unter einander, um die Vertauschungskreise leichter zu erkennen. Also:

6	8	12	11	5	14	4	1	13	15	2	9	3	10	7
1	2	3	4	5	6	7	8	9	10	11	12	13	14	15

Man erkennt nun leicht die drei Vertauschungskreise:

1. 1, 6, 14, 10, 15, 7, 4, 11, 2, 8;
2. 3, 12, 9, 13;
3. 5.

Die Zahl 3 der Vertauschungskreise, abgezogen von der Anzahl 15 der Steine, ergiebt die gerade Zahl 12.

Also sind die beiden Stellungen in einander verschiebbar.

2. Man habe zu prüfen, ob die beiden folgenden Stellungen in einander verschiebbar sind:

14	2	13	1
9	8	3	6
4	7	5	12
11	15	10	

in

13	5	11	4
14	3	6	8
2	7	1	12
15	10	9	

Man schreibe die beiden Stellungen so wie im ersten Beispiel, also:

14	2	13	1	9	8	3	6	4	7	5	12	11	15	10
13	5	11	4	14	3	6	8	2	7	1	12	15	10	9

Hieraus erkennt man die folgenden 5 Vertauschungskreise:

1. 13, 14, 9, 10, 15, 11;
2. 5, 2, 4, 1;
3. 3, 8, 6;
4. 7;
5. 12.

Nun ist 15 — 5 = 10 gerade. Desshalb sind die beiden vorgelegten Stellungen durch Verschieben in einander überzuführen.

Unsere Hauptregel giebt uns auch die Entscheidung darüber, ob bei einer vorliegenden Stellung die Steine in richtige Reihenfolge gebracht werden können, ohne dass gerade die Stellung erzielt wird, die oben als regulär bezeichnet ist. Es giebt im ganzen 8 Stellungen, bei denen man sagen kann, dass die Zahlen auf den Steinen in natürlicher Reihenfolge stehen; und unsere Hauptregel ergiebt dann leicht, dass diese 8 Stellungen in zwei Gruppen von je 4 so zerfallen, dass die 4 Stellungen jeder Gruppe in einander verschiebbar sind, dass aber keine Stellung einer Gruppe in eine Stellung der andern Gruppe verschiebbar ist. Die beiden Gruppen sind folgende:

Erste Gruppe.

1	2	3	4
5	6	7	8
9	10	11	12
13	14	15	

1	5	9	13
2	6	10	14
3	7	11	15
4	8	12	

	12	8	4
15	11	7	3
14	10	6	2
13	9	5	1

	15	14	13
12	11	10	9
8	7	6	5
4	3	2	1

Zweite Gruppe.

4	3	2	1
8	7	6	5
12	11	10	9
	15	14	13

13	9	5	1
14	10	6	2
15	11	7	3
	12	8	4

4	8	12	
3	7	11	15
2	6	10	14
1	5	9	13

13	14	15	
9	10	11	12
5	6	7	8
1	2	3	4

Da jede beliebige Stellung der 15 Steine des Boss-Puzzle, die nicht in eine bei der ersten Gruppe angegebene Stellung durch Verschieben gebracht werden kann, notwendig in eine Stellung der zweiten Gruppe verschiebbar sein muss, so kann man jede Boss-Puzzle-Aufgabe lösbar nennen, wenn man unter „lösen“ versteht, die vorgeschriebene Stellung in irgend eine der obigen acht Stellungen zu verschieben. Da zwei Stellungen der zweiten Gruppe aus der regulären Stellung hervorgehen, indem man dieselbe in einem Spiegel betrachtet, der senkrecht auf der Ebene des

Boss-Puzzle-Quadrats und parallel einer Seite desselben ist, so kann man auch sagen, dass jede Stellung der 15 Steine durch Verschieben in eine Stellung gebracht werden kann, die entweder selbst regulär ist, oder, in einem Spiegel betrachtet, regulär erscheint.

Bisher ist das Boss-Puzzle-Spiel immer nur unter der Annahme betrachtet, dass 15 Steine in einem Kästchen liegen, der für 4 mal 4 Steine Platz hat. Alle obigen Erörterungen bezüglich der Vertauschungen und Vertauschungskreise gelten jedoch auch, wenn das rechteckige Kästchen für a. b Steine Platz hat und a. b — 1 Steine wirklich enthält. Insbesondere ist auch die zuletzt abgeleitete Hauptregel so ausgesprochen, dass sie auf diesen allgemeineren Fall unmittelbar angewandt werden kann, wie folgende Beispiele zeigen:

1. Es sei zu prüfen, ob verschoben werden kann:

5	2	8
3	7	6
1	4	

in

1	2	3
4	5	6
7	8	

Aus der bequemeren Schreibweise:

5	2	8	3	7	6	1	4
1	2	3	4	5	6	7	8

ergeben sich vier Vertauschungskreise, nämlich:

1. 1, 5, 7;
2. 2;
3. 3, 8, 4;
4. 6.

Da die Steinzahl 8 beträgt und $8 - 4 = 4$ eine gerade Zahl ist, so sind die gegebenen beiden Stellungen in einander verschiebbar.

2. Es sei zu entscheiden, ob die beiden folgenden Stellungen durch Schieben in einander übergeführt werden können:

1	2	3		1	2	3
4	5	6		16	15	4
7	8	9		17	14	5
10	11	12	in	18	13	6
13	14	15		19	12	7
16	17	18		20	11	8
19	20				10	9

Schiebt man bei der zweiten Stellung die beiden Steine 10 und 9 beide nach links, damit der leere Platz bei beiden Stellungen gleich liegt, so hat man anzusetzen:

1	2	3	4	5	6	7	8	9	10	11	12	13	14	15	16	17	18	19	20
1	2	3	16	15	4	17	14	5	18	13	6	19	12	7	20	11	8	10	9

Hieraus gehen die folgenden vier Vertauschungskreise hervor:

1. 1;
2. 2;
3. 3;
4. 4, 16, 20, 9, 5, 15, 7, 17, 11, 13, 19, 10, 18, 8, 14, 12, 6.

Da 20 — 4 = 16 gerade ist, so sind die beiden vorgeschriebenen Stellungen in einander verschiebbar.

Bald nach Erfindung des Boss-Puzzle-Spiels tauchte in Deutschland eine Variante desselben auf, die dasselbe in Zusammenhang mit magischen Quadraten brachte (vgl. hier § 19) und verlangte, die reguläre Stellung durch Schieben in eine Stellung zu verwandeln, bei welcher, nachdem in das leere Feld die Zahl 16 gesetzt ist, aus allen horizontalen, vertikalen und diagonalen Reihen dieselbe Summe sich ergeben sollte. Der Verfasser möchte hierzu bemerken, dass es viel näher liegt, das leere Feld gar nicht mitzuzählen und also mit der Zahl 0 ausgefüllt zu denken. Sachlich wird dadurch das Problem nicht wesentlich geändert, praktisch aber insofern, als man dann nicht noch einen neuen Stein braucht, um das leere Feld auszufüllen. Am einfachsten entsteht ein magisches Quadrat der 16 Zahlen von 0 bis 15, indem man diese Zahlen sich der Reihe nach in die 16 Felder schreibt, bei den acht Feldern aber, die nicht die Mitte und die Ecken bilden, die Zahl wählt, die sich ergiebt, wenn man die eigentlich dort hineingehörige Zahl von 15 subtrahiert. Es handelt sich also darum, die linke von den beiden folgenden Stellungen in die rechte überzuführen:

1	2	3	4
5	6	7	8
9	10	11	12
13	14	15	

in

15	1	2	12
4	10	9	7
8	6	5	11
3	13	14	

Das zweite Quadrat ist magisch, da sich aus den vier horizontalen, den vier vertikalen und den beiden diagonalen Reihen dieselbe Summe 30 ergiebt. Es fragt sich aber, ob die Überführung der einen Stellung in die andere durch Verschiebung möglich ist. Unsere Hauptregel verneint diese Frage, da 4 Vertauschungskreise vorliegen und 15 — 4 eine ungerade Zahl darstellt. Hieraus können wir aber, nach den vorangehenden Erörterungen, schliessen, dass sich die reguläre Stellung in das Spiegelbild der zweiten Stellung verschieben lässt, also in:

12	2	1	15
7	9	10	4
11	5	6	8
	14	13	3

und dies ist ein Quadrat, das die Bedingungen eines magischen Quadrats ebenso gut erfüllt, wie das frühere.

Ebenso erkennt man leicht, dass die reguläre Stellung von 8 Steinen in 3 mal 3 Feldern in ein magisches Quadrat mit der konstanten Summe 12 verschoben werden kann, nämlich:

1	2	3
4	5	6
7	8	

in

3	8	1
2	4	6
7		5

§ 22.

Ewiger Kalender für Wochentage und Osterdaten.

Zu den Problemen der Anordnung gehört auch die Herstellung übersichtlicher Tabellen, aus welchen man ohne Rechnung den Wochentag leicht ersehen kann, auf den irgend ein Datum eines beliebigen Jahres gefallen ist, bezw. fallen wird. Eine sehr einfache Einrichtung dieser Art rührt vom Verfasser her, und ist unter dem Namen „Panchronist“ verbreitet. Der Panchronist ist aus Pappe oder Kartonpapier hergestellt und enthält zwei bewegliche, mit Pfeilen versehene Streifen, von denen der eine von links nach rechts, der andere von oben nach unten verschiebbar ist. Schiebt man den letzten so, dass sein Pfeil auf das Jahrhundert weist, den erstern so, dass sein Pfeil auf das Jahr im Jahrhundert hinzeigt, so erscheint vor einem der gesamte Wochentags-Kalender des betreffenden Jahres. Ferner hat der Verfasser einen ewigen Kalender hergestellt, der keine beweglichen Streifen enthält und doch aus einigen Tabellen sowohl den Wochentag jedes beliebigen Datums, wie auch die christlichen Fest-Daten jedes beliebigen Jahres leicht finden lässt. Dieser ewige Kalender, auf Pappe gedruckt und zum Anhängen geeignet, ist bei Herold in Hamburg verlegt. Die folgenden Seiten enthalten einen Abdruck desselben.

A. Ewiger Wochen

Jahrhunderte alten Stils				**I.**						
0 . .	7 . .	14 . .	.	c	d	e	f	g	a	b
1 . .	8 . .	15 . .	.	b	c	d	e	f	g	a
2 . .	9 . .	16 . .	.	a	b	c	d	e	f	g
3 . .	10 . .	17 . .	.	g	a	b	c	d	e	f
4 . .	11 . .	18 . .	.	f	g	a	b	c	d	e
5 . .	12 . .	19 . .	.	e	f	g	a	b	c	d
6 . .	13 . .	20 . .	.	d	e	f	g	a	b	c
Die **fett** gedruckten Zahlen bezeichnen die Jahre, die im alten und im neuen Stil Schaltjahre sind. Von den Jahreszahlen, die mit 00 endigen, bezeichnen Schaltjahre im alten Stil alle, im neuen Stil nur die durch 400 teilbaren. Der erste Tag des neuen Stils war in der kath. Kirche d. 15. Okt. 1582, im protest. Deutschland der 1. März 1700.			Jahrgang im Jahrhundert	00	01	02	03		**04**	05
				06	07		**08**	09	10	11
					12	13	14	15		**16**
				17	18	19		**20**	21	22
				23		**24**	25	26	27	
				28	29	30	31		**32**	33
				34	35		**36**	37	38	39
					40	41	42	43		**44**
				45	46	47		**48**	49	50
				51		**52**	53	54	55	
				56	57	58	59		**60**	61
				62	63		**64**	65	66	67
					68	69	70	71		**72**
				73	74	75		**76**	77	78
				79		**80**	81	82	33	
				84	85	86	87		**88**	89
				90	91		**92**	93	94	95
					96	97	98	99		
26 . .	22 . .	18 . .		a	b	c	d	e	f	g
25 . .	21 . .	17 . .		c	d	e	f	g	a	b
24 . .	20 . .	16 . .		e	f	g	a	b	c	d
23 . .	19 . .	15 . .		f	g	a	b	c	d	e

Bei

1. 1898 (n. St.) = d, d Dezember 25 = Sonntag;
3. 1848 (n. St.) = e, e **Januar** 1 = Sonnabend;
5. 800 (a. St.) = b, b Dezember 25 = Freitag;

tagskalender.

II.							
Jan. i. Schj.	g	a	b	c	d	e	f
Feb. i. Schj.	d	e	f	g	a	b	c
Jan. i. Gmj.	f	g	a	b	c	d	e
Feb. i. Gmj.	c	d	e	f	g	a	b
März	c	d	e	f	g	a	b
April	g	a	b	c	d	e	f
Mai	e	f	g	a	b	c	d
Juni	b	c	d	e	f	g	a
Juli	g	a	b	c	d	e	f
August	d	e	f	g	a	b	c
September	a	b	c	d	e	f	g
Oktober	f	g	a	b	c	d	e
November	c	d	e	f	g	a	b
Dezember	a	b	c	d	e	f	g
1. 8. 15. 22. 29.	M	Di	Mi	Do	Fr	Sd	Sg
2. 9. 16. 23. 30.	Di	Mi	Do	Fr	Sd	Sg	M
3. 10. 17. 24. 31.	Mi	Do	Fr	Sd	Sg	M	Di
4. 11. 18. 25.	Do	Fr	Sd	Sg	M	Di	Mi
5. 12. 19. 26.	Fr	Sd	Sg	M	Di	Mi	Do
6. 13. 20. 27.	Sd	Sg	M	Di	Mi	Do	Fr
7. 14. 21. 28.	Sg	M	Di	Mi	Do	Fr	Sd

Abkürzungen.
Sg = Sonntag, M = Montag, Di = Dienstag, Mi = Mittwoch, Do = Donnerstag, Fr = Freitag, Sd = Sonnabend.

Schlüssel.
Man finde in I den Buchstaben, in dem die Reihe des Jahrhunderts und die Reihe des Jahrgangs sich kreuzen. Den gefundenen Buchst. suche man in II hinter dem Monat und gehe vertikal nach unten bis zu der horizontalen Reihe, in der die Datumszahl steht.

spiele:
2. 1099 (a. St.) = d, d Juli 15 = Freitag;
4. 1970 (n. St.) = b, b Sept. 2 = Mittwoch;
6. 1572 (a. St.) = a, a August 24 = Sonntag.

B. Ewiger Fest-

III.

Jahrhunderte alten Stils.																				
19..	0..	1	2	3	4	5	6	7	8	9	10	11	12	13	14	15	16	17	18	19
20..	1..	6	7	8	9	10	11	12	13	14	15	16	17	18	19	1	2	3	4	5
21..	2..	11	12	13	14	15	16	17	18	19	1	2	3	4	5	6	7	8	9	10
22..	3..	16	17	18	19	1	2	3	4	5	6	7	8	9	10	11	12	13	14	15
	4..	2	3	4	5	6	7	8	9	10	11	12	13	14	15	16	17	18	19	1
	5..	7	8	9	10	11	12	13	14	15	16	17	18	19	1	2	3	4	5	6
	6..	12	13	14	15	16	17	18	19	1	2	3	4	5	6	7	8	9	10	11
	7..	17	18	19	1	2	3	4	5	6	7	8	9	10	11	12	13	14	15	16
	8..	3	4	5	6	7	8	9	10	11	12	13	14	15	16	17	18	19	1	2
	9..	8	9	10	11	12	13	14	15	16	17	18	19	1	2	3	4	5	6	7
	10..	13	14	15	16	17	18	19	1	2	3	4	5	6	7	8	9	10	11	12
	11..	18	19	1	2	3	4	5	6	7	8	9	10	11	12	13	14	15	16	17
	12..	4	5	6	7	8	9	10	11	12	13	14	15	16	17	18	19	1	2	3
	13..	9	10	11	12	13	14	15	16	17	18	19	1	2	3	4	5	6	7	8
	14..	14	15	16	17	18	19	1	2	3	4	5	6	7	8	9	10	11	12	13
	15..	19	1	2	3	4	5	6	7	8	9	10	11	12	13	14	15	16	17	18
	16..	5	6	7	8	9	10	11	12	13	14	15	16	17	18	19	1	2	3	4
	17..	10	11	12	13	14	15	16	17	18	19	1	2	3	4	5	6	7	8	9
	18..	15	16	17	18	19	1	2	3	4	5	6	7	8	9	10	11	12	13	14
Jahrgang im Jahrhundert.	→	00	01	02	03	04	05	06	07	08	09	10	11	12	13	14	15	16	17	18
		19	20	21	22	23	24	25	26	27	28	29	30	31	32	33	34	35	36	37
		38	39	40	41	42	43	44	45	46	47	48	49	50	51	52	53	54	55	56
		57	58	59	60	61	62	63	64	65	66	67	68	69	70	71	72	73	74	75
		76	77	78	79	80	81	82	83	84	85	86	87	88	89	90	91	92	93	94
		95	96	97	98	99														
Jahrhunderte neuen Stils.																				
15..		2	14	15	16	17	18	19	20	21	22	23	24	25	26	27	28	29	30	1
16..		18	19	20	21	22	23	24	25	26	27	28	29	30	1	2	14	15	16	17
17..		12	13	14	15	16	17	18	19	20	21	3	4	5	6	7	8	9	10	11
18..		17	18	19	20	21	3	4	5	6	7	8	9	10	11	12	13	14	15	16
19..		22	23	24	25	26	27	28	29	30	1	2	3	4	5	6	7	19	9	10
20..		27	28	29	30	1	2	3	4	5	6	7	19	9	10	22	23	24	25	26
21..		2	3	4	5	6	7	19	9	10	22	23	24	25	26	27	28	29	30	1

Schlüssel.

Um das Datum des Ostersonntags für ein beliebiges Jahr zu finden, bestimme man einerseits aus I (Wochentagskalender) den Buchstaben des Jahres, andrerseits aus III die dem Jahre zugehörige Zahl in derselben Weise. Da wo in IV die vertikale Reihe des aus I bestimmten Buchstabens die horizontale Reihe der aus III gefundenen Zahl kreuzt, steht

kalender.

IV.

	a	b	c	d	e	f	g
1	6	12	11	10	9	8	7
2	**30**	**29**	**28**	**27**	**26**	1	**31**
3	20	19	18	17	16	15	14
4	6	5	4	3	9	8	7
5	**23**	**29**	**28**	**27**	**26**	**25**	**24**
6	13	12	11	17	16	15	14
7	6	5	4	3	2	1	**31**
8	20	19	25	24	23	22	21
9	13	12	11	19	9	8	14
10	**30**	**29**	**28**	3	2	1	**31**
11	20	19	18	17	16	22	21
12	6	5	11	10	9	8	7
13	**30**	**29**	**28**	**27**	**26**	**25**	**31**
14	13	19	18	17	16	15	14
15	6	5	4	3	2	8	7
16	**23**	**22**	**28**	**27**	**26**	**25**	**24**
17	13	12	11	10	16	15	14
18	**30**	5	4	3	2	1	**31**
19	20	19	18	24	23	22	21
20	13	12	11	10	9	8	7
21	**30**	**29**	**28**	**27**	2	1	**31**
22	20	19	18	17	16	15	21
23	6	5	4	10	9	8	7
24	**30**	**29**	**28**	**27**	**26**	**25**	**24**
25	13	12	18	17	16	15	14
26	6	5	4	3	2	1	7
27	20	19	25	24	23	22	21
28	13	12	11	10	9	15	14
29	**30**	**29**	4	3	2	1	**31**
30	20	19	18	17	23	22	21
	a	b	c	d	e	f	g

V.

Ostern	Pfingsten
März	Mai
22	10
23	11
24	12
25	13
26	14
27	15
28	16
29	17
30	18
31	19
1	20
2	21
3	22
4	23
5	24
6	25
7	26
8	27
9	28
10	29
11	30
12	31
13	1
14	2
15	3
16	4
17	5
18	6
19	7
20	8
21	9
22	10
23	11
24	12
25	13
April	Juni

das gesuchte Osterdatum, und zwar bedeuten dabei die **fett** gedruckten Ziffern den Monat März, die übrigen den Monat April. — Z. B.: 1) 1282 = b 10 = **29.** März; 2) 1898 (n. St.) = d 20 = 10. April.

§ 23.

Ewiger Kalender für Neumond und Vollmond.

Der zuverlässigste Wegweiser für chronologische Forschungen ist die Astronomie. Denn der Zeitrechnung aller Völker liegen die Bewegungen des Mondes und der Sonne zu Grunde. In erster Linie ist es der Unterschied von Tag und Nacht und die Wiederkehr der Jahreszeiten, was den Menschen zu einer Einteilung der Zeit geführt hat, in zweiter Linie aber auch die regelmässige Wiederkehr der Phasen des Mondes. In unserer Einteilung des Jahres in zwölf Monate haben wir noch ein Überbleibsel von dem Mondjahr, jener Jahrform, deren sich die Chinesen und Inder, die Hebräer, Babylonier und Assyrer, die Syrer, Araber und Türken, sowie noch manche andere Völker einst bedienten oder noch bedienen. Da aber das aus 12 Mondumläufen bestehende Mondjahr etwas mehr als 354 Tage umfasst, während das Jahr, die Umlaufszeit der Erde um die Sonne, aus etwas mehr als 365 Tagen besteht, so sind komplizierte Rechnungen erforderlich, um das Datum einer Begebenheit aus einer Zeitrechnung in eine andere zu übertragen. Aber auch abgesehen von der Zeitrechnung nach Mondjahren spielt der Mond bei der Erzählung von Begebenheiten oft eine wichtige Rolle, indem z. B. ein nächtlicher Überfall durch die Helligkeit des Vollmonds begünstigt oder verhindert wurde. Deshalb ist die Bestimmung der Tage, an denen Neumond oder Vollmond eintrat, für jedes beliebige Jahr, von grosser Wichtigkeit. Der Verfasser hat nun in dem hier folgenden ewigen Mondkalender eine Methode niedergelegt, die es auch dem Laien ermöglicht, für jeden Monat in jedem Jahre jedes beliebigen Jahrhunderts das Neumonds- oder Vollmonds-Datum mühelos zu berechnen.*) Diese Methode verlangt nichts weiter, als die Addition zweier Zahlen und die Verminderung der Summe um eine dritte Zahl. Die drei Zahlen sind dem Jahrhundert, dem Jahrgang im Jahrhundert und dem Monat zugeordnet und in den drei Tabellen des Mondkalenders fettgedruckt. Bezüglich der Benutzung der Tabellen sind noch folgende Bemerkungen zu beachten:

1. Wenn man das aus den drei Tabellen hervorgehende Resultat um 15 oder 44 vermehrt oder vermindert, erhält man ein Vollmonds-Datum.

2. Für unser Jahrhundert (18 . .) und neuen Stil braucht man die Jahrhundert-Tabelle gar nicht zu berücksichtigen, da bei 18 . . die Zahl 0 steht.

3. Für die Zeit vor Christi Geburt hat man die fettgedruckten Zahlen der Jahrhundert-Tabelle und der Jahrgangs-Tabelle negativ zu rechnen, so dass alle drei

*) In etwas anderer Weise habe ich schon im Jahrgang 1889/90 der Zeitschrift „Vom Fels zum Meer“ einen ewigen Mondkalender zusammengestellt.

Zahlenreihen subtraktiv zu nehmen sind. Man muss dann das gefundene negative Resultat zunächst noch weiter um die Zahl 3 vermindern, und dann $29\frac{1}{2}$, 59 oder $88\frac{1}{2}$ addieren, um ein Neumonds-Datum zu erhalten, dagegen 15, 44 oder 74 addieren, um ein Vollmonds-Datum zu erhalten. Die Jahre vor Christi Geburt sind nach astronomischem Gebrauche zu rechnen, d. h. man hat sich den Kalender des alten Stils so nach rückwärts fortgesetzt zu denken, dass dem ersten Jahre unserer Zeitrechnung ein mit 0 bezeichnetes Jahr vorangeht, so dass z. B. das Jahr 423 vor Christi Geburt als minus 422 zu rechnen ist.

4. Die durch die drei Tabellen gelieferten Daten weichen von den wahren astronomischen Daten nicht mehr als um einen halben, selten um einen ganzen Tag ab.

5. Der ewige Mondkalender hat für viele Jahrtausende vor und nach Christi Geburt Gültigkeit. Für Jahre so ferner Vergangenheit oder so ferner Zukunft muss man die Jahrhundert-Tabelle sich derartig fortsetzen, dass man erst $4\frac{1}{2}$, dann 4, dann $4\frac{1}{2}$ addiert, und dann wieder $4\frac{1}{2}$, 4, $4\frac{1}{2}$ u. s. w. zuzählt. Ferner muss man beim neuen Stil immer noch ausserdem 1 zuzählen, wenn beim Wechsel des Jahrhunderts ein Schalttag ausfällt. Wird die erreichte Zahl grösser als 29, muss man sofort $29\frac{1}{2}$ subtrahieren. Beim neuen Stil würde also die Tabelle I folgende Fortsetzung haben: 22 . . = $\mathbf{20\frac{1}{2}}$, 23 . . = $\mathbf{25\frac{1}{2}}$, 24 . . = $\frac{1}{2}$, 25 . . = **6**, 26 . . = **11**, 27 . . = $\mathbf{16\frac{1}{2}}$, 28 . . = **21**.

Den beiden in dem Schlüssel gegebenen Beispielen fügen wir noch 6 Beispiele hinzu, die sich auf historische oder astronomische Begebenheiten beziehen.

1. Oktober 1758 (n. St.) $= 24 + 18\frac{1}{2} - 11\frac{1}{2} = 31$, $31 - 15 = 16$. Am 16. Oktober 1758 war Vollmond. Folglich war während des nächtlichen Überfalls bei Hochkirch am 14. Oktober 1758 fast Vollmond.

2. Januar 1544 $= 4\frac{1}{2} + 23 - 3 = 24\frac{1}{2}$. Am 24. oder 25. Januar 1544 war Neumond. Dieser Neumond veranlasste die in Deutschland total sichtbar gewesene Sonnenfinsternis des 24. Januar 1544.

3. August 1572 $= 4\frac{1}{2} + 14 - 9\frac{1}{2} = 9$, $9 + 15 = 24$. Am 24. August 1572, also auch noch in der Bartholomäus-Nacht war Vollmond.

4. August 1887 (n. St.) $= 0 + 28 - 9\frac{1}{2} = 18\frac{1}{2}$. Am 18. bis 19. August war Neumond. Dieser Neumond veranlasste die Sonnenfinsternis, die in den Morgenstunden des 19. August 1887 eintrat, für Mittel-Deutschland total war, aber leider verregnete.

5. Januar 1077 $= 12\frac{1}{2} + 18\frac{1}{2} - 4 = 27$. Am 27. Januar 1077 war Neumond. Also hatte Heinrich IV., als er zu Canossa im Büsserhemd stand (Ende Januar 1077), keinen Mondschein.

6. Oktober des Jahres $-2155 = -1 - 21\frac{1}{2} - 3 - 11\frac{1}{2} = -37$. Ferner $-37 + 59 = 22$. Am 22. Oktober des Jahres -2155 war Neumond. Dieser Neumond veranlasste die älteste uns überlieferte Sonnenfinsternis unter dem von 2159 bis 2146 vor Christi Geburt regierenden chinesischen Kaiser Tschung-hang am 22. Oktober des Jahres -2155.

Ewiger Mondkalender.

I.

Alter Stil	Jahrhundert	Neuer Stil
28	0..	
3	1..	
7	2..	
11½	3..	
16	4..	
20	5..	
24½	6..	
29	7..	
3½	8..	
8	9..	
12½	10..	
16½	11..	
21	12..	
25½	13..	
0	14..	
4½	15..	**14½**
9	16..	**19**
13	17..	**24**
17½	18..	**0**
22	19..	**5½**
26	20..	**9½**
1	21..	**15**

II.

Jahrgang für alten u. neuen Stil						
00	19	38	57	76	95	**0**
01	20	39	58	77	96	**18½**
02	21	40	59	78	97	**7½**
03	22	41	60	79	98	**26½**
04	23	42	61	80	99	**15½**
05	24	43	62	81		**4½**
06	25	44	63	82		**23**
07	26	45	64	83		**12½**
08	27	46	65	84		**1½**
09	28	47	66	85		**20**
10	29	48	67	86		**9**
11	30	49	68	87		**28**
12	31	50	69	88		**17**
13	32	51	70	89		**6**
14	33	52	71	90		**24½**
15	34	53	72	91		**14**
16	35	54	73	92		**3**
17	36	55	74	93		**21½**
18	37	56	75	94		**11**

III.

Monat für alten und neuen Stil	
Januar i. Schaltj.	**3**
Februar i. Schaltj.	**4½**
Januar i. Gemeinj.	**4**
Februar i. Gemeinj.	**5½**
März	**4**
April	**5½**
Mai.	**6**
Juni	**7½**
Juli	**8**
August	**9½**
September . . .	**11**
Oktober	**11½**
November . . .	**13**
Dezember . . .	**13½**

Im alten Stil sind Schaltjahre solche Jahre, deren Zahl durch 4 teilbar ist. Im neuen Stil sind Schaltjahre solche Jahre, deren Zahl nicht auf 00 endigt und durch 4 teilbar ist, ausserdem solche Jahre, deren Zahl durch 400 teilbar ist. Alle übrigen Jahre sind Gemeinjahre. 1900 ist also i. a. St. Schaltj., im n. St. Gemeinj. — Gemeinjahre haben 28 Tage i. Febr., Schaltj. 29.

Schlüssel.

Von der Summe der in I und II dem Jahrhundert und dem Jahrgang beigesetzten fettgedruckten Zahlen subtrahiere man die in III dem Monat beigesetzte fettgedruckte Zahl. Dann ist das erhaltene Resultat, nötigenfalls um 29½ vermehrt oder vermindert, das Datum eines Neumonds. Z. B:

1) 1897 Dezember (n St) = 0 + 7½ — 13½ + 29½ = 23½. Der Eintritt des Neumonds war am 23 Dezember abends gegen 9 Uhr.

2) 1572 August = 4½ + 14 — 9½ = 9. Am 9. Aug. 1572 war Neumond.

§ 24.

Eulersche Wanderungen.

Innerhalb Königsbergs bildet der Pregel eine „Kneiphof“ genannte Insel. Über die beiden Flussarme, welche diese Insel bilden, führen 7 Brücken, von denen 5 auf die Insel selbst führen und 2 die beiden Arme schon vorher überschreiten, ehe dieselben die Insel umschliessen, wie die folgende mehr schematisch als topographisch aufzufassende Figur zeigt, in der das Wasser schattiert, Land und Brücken nicht schattiert sind.

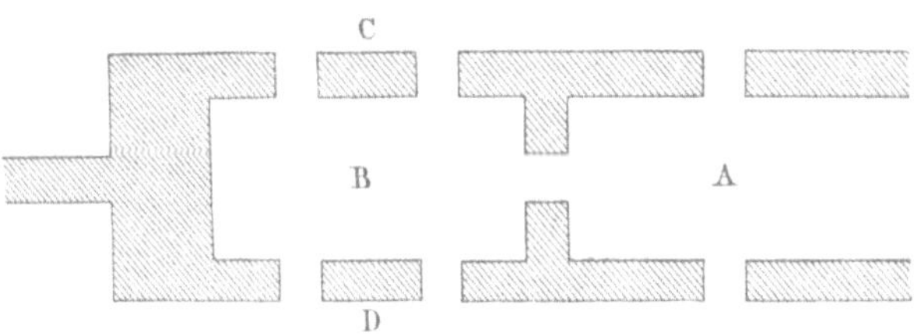

Hier bedeutet B die Insel, A das Land zwischen den beiden Flussarmen, C und D das Land rechts und links von diesen Flussarmen. Um das Jahr 1775 er-

17*

hob sich nun eine Diskussion darüber, ob es möglich sei, einen Spaziergang in Königsberg so einzurichten, dass man alle 7 Brücken in beliebiger Reihenfolge, jede aber nur einmal passiert. Man erkennt leicht, dass es unmöglich sein muss. Als Leonhard Euler, der berühmte Mathematiker des vorigen Jahrhunderts, von diesem Problem hörte, verallgemeinerte er dasselbe, indem er statt der vier Landflächen eine beliebige Anzahl setzte, zwischen denen Brücken und Wasserläufe in beliebiger Anordnung sich befinden. Er schrieb eine Abhandlung darüber, die er 1736 der Petersburger Akademie vorlegte. Da es bei dem Königsberger Problem und allen ähnlichen Problemen nicht auf die Grösse der Landflächen und Brücken, sondern nur auf die Vielfachheit der Zugänglichkeit ankommt, so ersetzt man, um die Übersicht zu erleichtern, die Landflächen am besten durch Punkte und die Brücken durch Linien. Dadurch entsteht aus dem Problem der Königsberger Brücken das Problem, die folgende Figur in einem einzigen Zuge herzustellen, oder, was dasselbe ist, die 7 Linien der Figur ohne Unterbrechung so zu durchwandern, dass jede Linie einmal, aber auch nur einmal, passiert wird (Fig. S. 261).

Aus diesem Problem sind die mannigfachen Aufgaben entstanden, welche verlangen, eine beliebige Figur in einem einzigen Zuge oder in einer vorgeschriebenen Anzahl von Zügen zu zeichnen, Aufgaben, welche gelegentlich in Unterhaltungs- und in Jugend-Zeitschriften auftreten. Die Lösung aller solcher Probleme gestaltet sich durch die folgende Überlegung äusserst einfach. Jeder Punkt, der nicht Anfangs- und

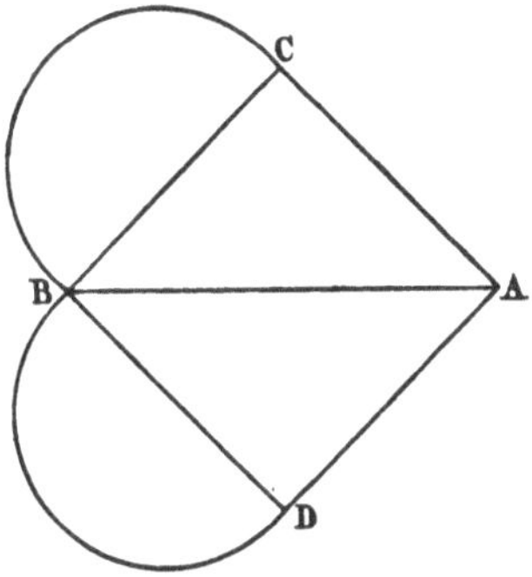

nicht Endpunkt einer Durchwanderung der Figur ist, muss zwei oder vier oder sechs oder überhaupt eine gerade Anzahl von Ausgängen haben, da man immer hinkommen und auch wieder fortkommen muss. Wenn also eine Figur keine Punkte mit einer ungeraden Anzahl von Zugängen besitzt, sondern wenn von jedem ihrer Punkte eine gerade Anzahl von Wegen ausgeht, so muss die Figur immer in einem einzigen Zuge herstellbar sein. Dabei kann dann jeder Punkt als Ausgangspunkt gewählt werden, muss aber dann zugleich Schlusspunkt werden, sodass sich bei einer solchen Figur in sich zurücklaufende Rundreisen einrichten lassen, bei denen jeder Punkt mindestens einmal besucht wird, jede Linie aber einmal und nur einmal durchwandert wird. Beispielweise lässt sich jede der folgenden Figuren leicht auf mannigfache Weise in einem einzigen Zuge herstellen, weil alle Punkte immer eine gerade Anzahl von Ausgängen besitzen:

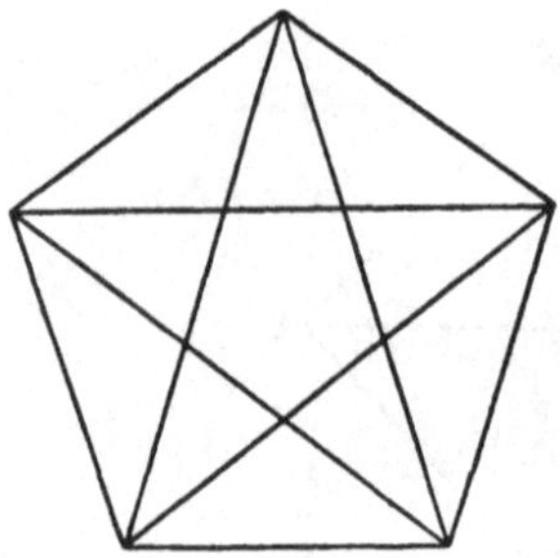

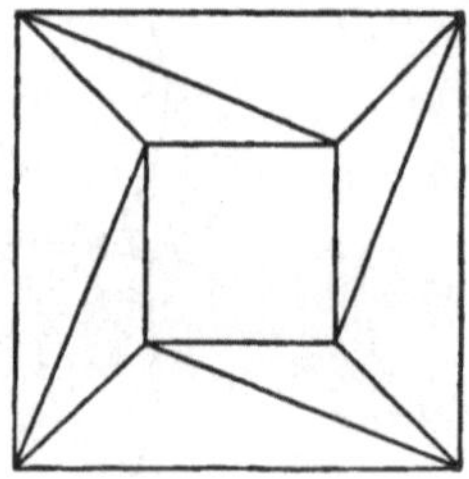

Was die Punkte mit einer ungeraden Anzahl von Ausgängen betrifft, so lässt sich zunächst einsehen, dass solche Punkte immer in gerader Anzahl vorhanden sein müssen. Um dies einzusehen, denke man sich auf jeden Punkt die Anzahl seiner Ausgänge hingeschrieben. Die Gesamtsumme der so erhaltenen Zahlen muss ergeben, wieviel Linien die Figur besitzt, wobei jedoch zu beachten ist, dass jede Linie dabei sowohl in ihrem einen wie in ihrem andern Endpunkte gerechnet ist. Folglich ist jene Gesamtsumme das Doppelte der Anzahl aller Linien, also eine gerade Zahl. Von dieser geraden Zahl denke man sich alle geraden Zahlen abgezogen, welche bei den sämtlichen Punkten der Figur stehen. Da durch diese Subtraktion wieder eine gerade Zahl entstehen muss, so ist hiermit bewiesen, dass die Summe der an Punkten der Figur stehenden ungeraden Zahlen immer eine gerade sein muss. Da man endlich von einer ungeraden Zahl immer eine gerade subtrahieren muss, um auf die Zahl 1 zu kommen, so folgt nun, dass die Anzahl der Punkte, die eine ungerade Anzahl von Ausgängen haben, gerade sein muss.

Betrachten wir nun zunächst eine Figur, welche ausser Punkten, von denen eine gerade Anzahl von Wegen abführt, nur zwei Punkte besitzt, die eine ungerade Anzahl von Ausgängen haben. Dann kann keiner dieser Punkte Zwischenstation auf einer Wanderung über die Linien dieser Figur sein, weil man immer nach Erreichung eines Punktes auf dem einen Wege, auf einem andern Wege ihn wieder verlassen muss, was nur bei einer geraden Anzahl von Zugängen erreichbar ist. Hieraus folgt, dass der eine der beiden Punkte mit ungerader Ausgangszahl Anfangsstation, der andere Endstation werden muss. Beispielsweise lässt sich die folgende Figur auf mehrfache Weise in einem einzigen Zuge herstellen, aber immer nur, wenn von den Punkten A und Z der eine Anfangspunkt, der andere Schlusspunkt wird:

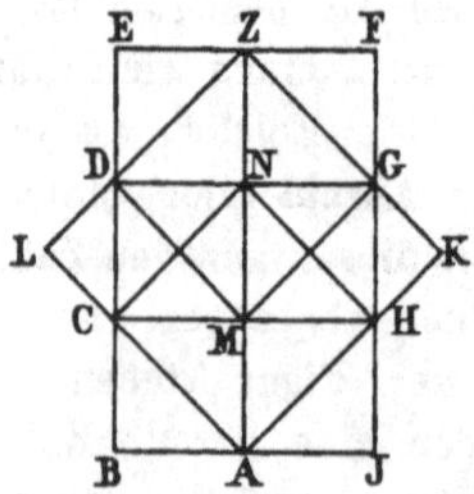

Eine der vielen möglichen Lösungen ist z. B. der folgende Zug:

A B C D E Z F G H J A H K G Z D L C A M C N D M N H M G N Z.

In derselben Weise erkennt man nun leicht, dass, wenn eine Figur 4 Punkte mit ungerader Ausgangszahl enthält, sie nicht in einem einzigen Zuge, wohl aber in zwei Zügen gezeichnet werden kann, indem von den vier Punkten zwei für den einen und zwei für den andern als Anfangs- und Schlusspunkt gewählt werden. Allgemein ergiebt sich, dass jede Figur immer in soviel Zügen hergestellt werden kann wie die Hälfte der Anzahl sämtlicher Punkte beträgt, von denen eine ungerade Anzahl von Wegen ausgeht. Wenn wir diese Regel auf das Problem der Königsberger Brücken anwenden, so haben wir zu beachten, dass von den vier Punkten A, B, C, D der auf dieses Problem bezüglichen schematischen Figur B fünf Ausgänge hat, während jeder der drei übrigen Punkte drei Ausgänge hat; woraus zu schliessen ist, dass die sieben Brücken von Königsberg nur auf zwei Wanderungen mit verschiedenen Anfangs- und Endpunkten passiert werden können, wenn es darauf ankommt, dass jede Brücke nur einmal betreten wird, z. B. auf den beiden Wanderungen C A B und D B C B D A.

Um ein weiteres Beispiel zu haben, betrachten wir die Figur des pythagoräischen Lehrsatzes mit dem zum Beweise notwendigen Lote von A auf D E.

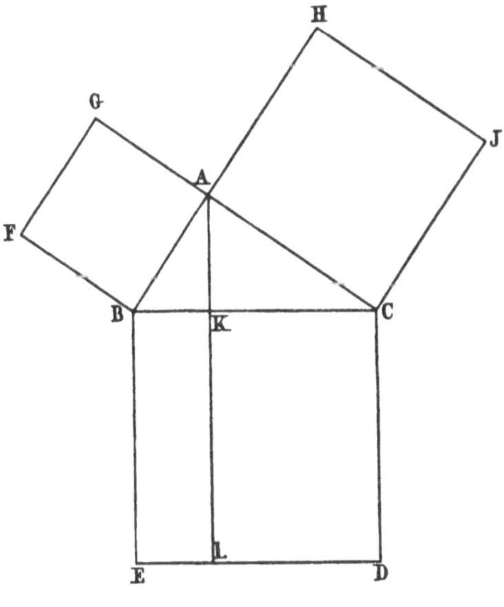

Da nur die Punkte A und L eine ungerade Anzahl von Ausgängen haben, so ist die Figur in einem einzigen Zuge zu zeichnen, wenn man bei A anfängt.

und bei L aufhört oder umgekehrt. Z. B. stellt der Weg

LKAGFBELDCIHACKBA

die Figur in einem einzigen Zuge her.

Um endlich zu entscheiden, in wieviel Zügen die Figur des Schachbretts herzustellen ist, beachte man, dass von den 81 Punkten dieser Figur die 4 Ecken zwei Ausgänge und die 49 inneren Punkte je vier Ausgänge haben, so dass bloss die vier mal sieben Punkte, welche am Rande liegen und nicht Ecken sind, als Punkte mit drei, also einer ungeraden Anzahl von Ausgängen übrig bleiben. Da die Hälfte von viermal sieben 14 beträgt, so sind zur Herstelung der Figur des Schachbretts mindestens vierzehn Züge erforderlich.

Es entsteht noch die Frage, auf welche Weise bei einer vorliegenden Figur die Linien zu durchwandern sind, damit auch wirklich jede Linie einmal beschritten wird. Dies ist sehr einfach. Nachdem man sich die Punkte mit ungerader Ausgangszahl als Anfangs- und Schluss-Punkte von Zügen gekennzeichnet hat, verbinde man zunächst jeden Anfangspunkt mit einem Schlusspunkt in irgend welcher Weise. Dann bleiben nur noch Wege übrig, die in sich geschlossen sind. Es ist dann immer sehr leicht, diese in sich geschlossenen Wege mit in einen der schon gezeichneten ungeschlossenen Wege hineinzuziehen.

Von den verschiedenartigen Einkleidungen, die man den aus dem Problem der Königsberger Brücken hervorgegangenen Aufgaben gegeben hat, sind besonders zwei beachtenswert. Die erste Einkleidung setzt an die

Stelle der Punkte Länder und an die Stelle der Linien zu überschreitende Grenzen zwischen diesen Ländern. So würde ein Kontinent von acht Ländern, die so zu einander liegen, wie die acht Flächenstücke der folgenden Figur, in zwei Wanderungen bereist werden können, wenn es darauf ankommt, dass jede Grenze zwischen zwei Ländern einmal überschritten wird. Dass mindestens zwei Wanderungen erforderlich sind, folgt daraus, dass vier von den acht Ländern eine ungerade Anzahl von Grenzen gegen andere Länder haben. In der Figur bedeuten die den Flächenstücken eingezeichneten Zahlen, wieviel andere Flächenstücke dasselbe begrenzen.

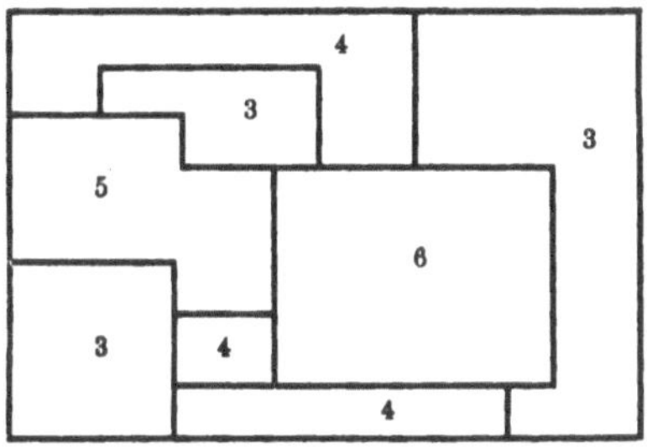

Die zweite Einkleidung überträgt die in einer Ebene gedachten Resultate auf den Raum, indem sie an die Stelle von Punkten und Linien der Ebene Körper setzt, die aus Flächen, Kanten und Ecken sich zusammensetzen. Die Aufgabe besteht dann darin, sämtliche Kanten zu passieren, jede aber nur einmal. Dabei kann man als Stationen entweder die Ecken oder die Flächen auffassen. Je nachdem hat man dann zu überlegen, welche Ecken eine ungerade Anzahl von Kanten aussenden oder welche Flächen eine ungerade Anzahl von Seiten besitzen. Beispielsweise hat ein Würfel acht Ecken, von denen jede drei Kanten aussendet und sechs Flächen, von denen jede vier Kanten enthält. Daher können die zwölf Kanten eines Würfels in weniger als vier Wanderungen nicht beschritten werden, wenn man nur auf den Kanten wandert, also die Ecken als Stationen benutzt, um von einer Kante zu einer andern zu gelangen. Wenn man aber die Flächen zum Übergang von einer Kante zu einer andern benutet, so ist nur eine Wanderung nötig, damit jede Kante einmal überschritten wird.

§ 25.

Hamiltonsche Rundreisen.

Im Jahre 1859 erschienen in London zwei Geduldspiele, die von dem berühmten Mathematiker Hamilton, dem Schöpfer der Quaternionen-Theorie, herrührten. Das eine Spiel hiess: „Die Reisenden auf dem Dodekaeder oder eine Reise um die Welt", das andere „Das Ikosaeder-Spiel." Beide Spiele sind wesentlich nicht verschieden, sie ähneln äusserlich den in § 24 behandelten „Eulerschen Wanderungen", erweisen sich aber bei näherer Betrachtung, als ganz verschieden von diesen. Das Dodekaeder-Spiel verlangt, durch Wanderung auf den Kanten eines regelmässigen Dodekaeders dessen 20 Ecken zu erreichen, dabei jede Ecke nur einmal zu besuchen und schliesslich auf den Ausgangspunkt zurückzukehren. Zur Vorstellung eines regelmässigen Dodekaeders gelangt der Laie am einfachsten dadurch, dass er bei der folgenden Figur sich die äusseren fünf Fünfecke um die Kanten des inneren Fünfecks nach oben umgebogen denkt, und auf das so entstandene Kästchen sich ein genau ebenso geformtes Kästchen aufgesetzt denkt, und zwar so, dass ganz oben wagerecht das innere Fünfeck des zweiten

Kästchens zu liegen kommt und dass die oberen Kanten des unteren Kästchens mit den unteren Kanten des oberen Kästchens zusammenfallen.

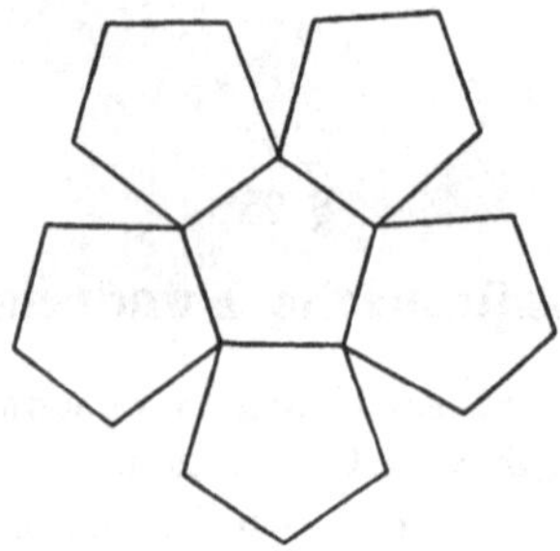

Der so entstehende Körper wird von zwölf Fünfecken begrenzt, so dass zwanzig Ecken entstehen, von denen jede drei Kanten und also auch drei Flächen aussendet. Als Gesamtzahl aller Kanten ergiebt sich dreissig. Da der Körper lauter gleiche Kanten, lauter gleiche Winkel zwischen zwei Flächen besitzt, so gehört er zu den fünf regulären Körpern. Das reguläre Ikosaeder, nach welchem das zweite von Hamilton angegebene Spiel benannt ist, wird von zwanzig gleichseitigen Dreiecken begrenzt, so dass zwölf Ecken entstehen, von denen jede fünf Flächen und also auch fünf Ecken aussendet. Das Dodekaeder und das Ikosaeder stehen sich so gegenüber, dass immer der eine Körper sich bezüglich seiner Flächen so verhält wie der andere bezüglich seiner Ecken. Das Ikosaeder Spiel verlangt, dass die zwanzig Flächen eines regulären Ikosaeders sämtlich besucht werden, jede aber nur einmal, und dass dabei der Übergang von einer Fläche zu einer benachbarten nur durch Überschreiten der gemeinsamen Grenzkante beider stattfindet. Wegen des oben angedeuteten Zusammenhangs zwischen Dodekaeder und Ikosaeder ist das Ikosaeder-Spiel, dem Wesen nach, von dem Dodekaeder-Spiel nicht verschieden. Wir besprechen daher im Folgenden nur das Dodekaeder-Spiel. Da es unbequem ist, zur Ausführung der Wanderung auf dem Kanten-Netz eines regulären Dodekaeders immer das Modell eines solchen Körpers zur Hand zu nehmen, so ersetzen wir jenes Kanten-Netz durch eine ebene Figur, die die für das Spiel allein wesentlichen Eigenschaften der Dodekaeder-Oberfläche auch besitzt. Da es bei dem Spiel darauf ankommt, die zwanzig Ecken auf einer Wanderung auf den Kanten sämtlich zu besuchen, dabei aber jede nur einmal, so kann das Spiel auch auf den Linien jeder Figur ausgeführt werden, die sich aus zwanzig Punkten und dreissig Verbindungslinien so zusammensetzt, dass von jedem Punkte genau drei Linien ausgehen, und dass diese Linien zwölf Fünfecke begrenzen. Dabei können die Linien gerade oder krumm sein. Demgemäss ersetzen wir das Kanten-Netz des regulären Dodekaeders durch die folgende, leicht zeichenbare Figur (s. S. 272).

Die Figur besteht also aus drei konzentrischen Kreisen, von denen der mittlere sowohl mit dem inneren wie mit dem äusseren durch je fünf gerade Querstrecken verbunden ist. Wie die Oberfläche des Dodekaeders, enthält diese Figur in 12 Fünfecken 20 Punkte, die durch 30 Linien mit einander verbunden sind, indem jeder Punkt drei Linien aussendet. Es

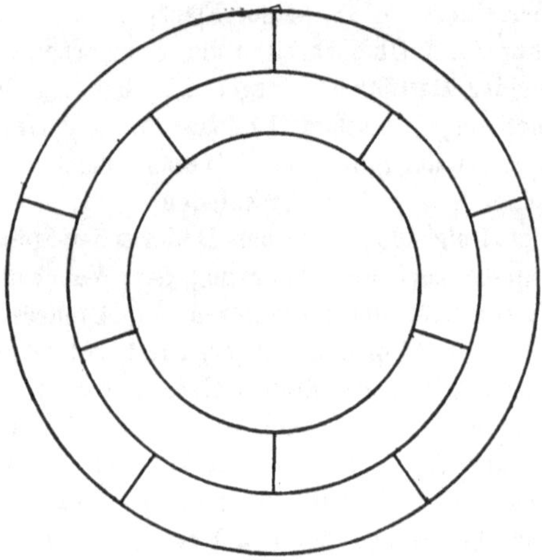

wird nach einigen Versuchen immer leicht gelingen, die Linien unsrer Figur sich so durchwandert zu denken, dass jeder Punkt einmal besucht wird und der Schlusspunkt mit dem Ausgangspunkt zusammenfällt. Hamilton stellte aber von vornherein die weitere Forderung, dass die ersten fünf Stationen vorgeschrieben sein sollen. Bei dieser Beschränkung ist das Problem auf zweifache oder auf vierfache Weise lösbar, je nach der Wahl der ersten 5 Stationen (s. Fig. S. 273).

Sind z. B. in der nachstehenden Figur A, B, C, D, E die ersten fünf Stationen, so ergiebt die weitere Wanderung F G H J K L M N O P Q R S T U A eine naheliegende Lösung.

Ein zweites Problem, das Hamilton stellte, schrieb die drei ersten Stationen und die nicht mit der Anfangs-

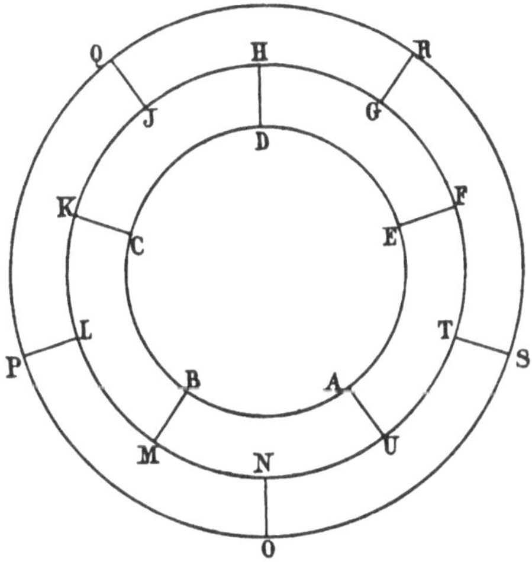

station identische Schluss-Station willkürlich vor, hielt aber sonst an der grundlegenden Forderung fest, dass jede Station nur einmal besucht werden dürfe. Dieses zweite Problem führt zu 0, 1, 2, 4 oder 6 Lösungen, je nach der Wahl der gegebenen vier Stationen. Beispielsweise hat das Problem nur eine einzige Lösung, wenn A, B, C als Anfangs-Stationen, Q als Schluss-Station gegeben ist. Diese Lösung lautet:

A B C D E F T U N M L K J H G R S O P Q.

Sind dieselben Anfangs-Stationen, aber eine andere Schluss-Station vorgeschrieben, so ergeben sich 2, 4 oder 6 Lösungen, ausgenommen, wenn K, D, F, P, M, N, T Schluss-Stationen sind. Dann hat das Problem nämlich gar keine Lösung.

Eine dritte Modifikation, die Hamilton dem Probleme gab, nahm mehrere aufeinanderfolgende Anfangs-Stationen als gegeben an und verlangte dann, dass nach einer vorgeschriebenen Anzahl von folgenden Stationen es unmöglich werde, weiterzureisen, ohne dass die Vorschrift, jede Station nur einmal zu besuchen, verletzt werde. Wenn z. B. T, S, R, Q vier gegebene Anfangs-Stationen sind, und dann verlangt wird, dass nach sechs weiteren Stationen die Fortsetzung der Reise unmöglich werde, so ergiebt sich die eine Lösung:

T S R Q J H D E F G.

Endlich bestand eine vierte Modifikation des Geduldspiels darin, dass eine vorgeschriebene Station bei der Reise ausgeschlossen sein sollte. Wenn z. B. A, B, C die drei ersten Stationen, D die letzte Station sein sollen, und wenn ausserdem der Ort M ausgeschlossen sein soll, so ergeben sich zwei Lösungen, von denen die eine heisst:

A B C K L P Q J H G R S O N U T F E D.

Die urspringliche Fassung des Problems verlangte jedoch nicht derartige erschwerende Bedingungen, sondern nur, dass jede Station einmal besucht werden solle und dass die Reise nach dem Ausgangspunkt zurückkehre. Das so gefasste Problem lässt eine elegante mathematische Behandlung zu, die schon Hamilton selbst in der Versammlung der British Association vom Jahre 1857 gab, und die auf folgenden Überlegungen beruht. Wenn man irgend eine Station erreicht hat, so bieten sich immer zwei Wege zur

Weiterreise dar, weil die Station im ganzen drei Ausgänge hat. Von diesen beiden Wegen muss bezüglich der Richtung, in der man die Station erreicht hat, der eine Weg rechts, der andere links abgehen. Wählt man den Weg rechts, so sei dies mit r bezeichnet, während das Links-Weiterreisen durch l ausgedrückt werde. In dieser Weise kann jede Rundreise durch 20 Buchstaben ausgedrückt werden; welche entweder r oder l heissen. Beispielsweise müsste die oben zuerst erwähnte Rundreise, bei welcher die Buchstaben in alphabetischer Reihenfolge erscheinen, so ausgedrückt werden:

r r r l l l r l r l r r r l l l r l r l.

Da der Schlusspunkt immer mit dem Anfangspunkt identisch sein soll, so kann man aus dieser mit r r r beginnenden Reihenfolge beliebige andere Reihenfolgen ableiten, indem man an beliebiger Stelle anfängt und den ersten Buchstaben als auf den letzten folgend ansieht. Ebenso kann man auch jede solche Reihenfolge in umgekehrter Richtung lesen. In solcher Weise kann man, wie Hamilton bewiesen hat, aus dieser einen als richtig erkannten Lösung jede sonst noch vorhandene Lösung ableiten. Wenn nämlich die fünf Anfangs-Stationen beliebig gegeben sind, so ist aus ihnen die Richtung zu entnehmen, die man beim Verlassen der zweiten, dann der dritten, endlich der vierten Station jedesmal einschlagen muss. Es kann nämlich nur einer von den folgenden acht auf die fünf ersten Stationen bezüglichen Fälle eintreten:

r r r, r r l, r l r, r l l, l r r, l r l, l l r, l l l.

Alle diese acht Gruppen sind aber aus der obigen mit r r r beginnenden Reihenfolge als Anfänge von einer Reihenfolge zu entnehmen, und zwar erkennt man, dass mit r r r die obige und die genau umgekehrte Reihenfolge beginnen. Dadurch, dass man mit dem auf die Mitte folgenden r r r anfängt, erhält man keine neue Reihenfolge, sondern die alte nochmal, weil die zweite Hälfte der ersten Hälfte genau kongruent ist. Die beiden erhaltenen, mit r r r beginnenden Reihenfolgen ergeben unmittelbar die beiden Lösungen des Problems, welche möglich sind, wenn die fünf Anfangs-Stationen in der durch r r r angedeuteten Folge liegen. Wenn zweitens r r l der Anfang ist, so ergeben sich wiederum zwei Reihenfolgen, woraus sich die beiden Lösungen ergeben, die möglich sind, falls die fünf Anfangs-Stationen in ihrer Lage dem Symbol r r l entsprechen, wie z. B. A B C D H. Ebenso giebt es auch zwei mit r l l beginnende Reihenfolgen. Und, da durch Vertauschung von r und l der anfängliche Cyklus in seine Umkehrung übergeht, so verhält sich l l l wie r r r, l l r wie r l l und l r r wie r l l. Es bleiben daher nur noch die Anfänge r l r und l r l übrig, welche sich wieder gleich verhalten, und von denen jeder zu vier Lösungen führt. Den 4 mit r l r beginnenden Lösungen entsprechen z. B. die fünf Anfangs-Stationen A, B, C, K, J und die vier Rundreisen:

1. A B C K J Q R G H D E F T S O P L M N U A;
2. A B C K J H D E F G R Q P L M N O S T U A;
3. A B C K J Q R S O P L M N U T F G H D E A;
4. A B C K J Q P L M N O S R G H D E F T U A.

Aus der Lage der gegebenen 5 Anfangs-Stationen lässt sich also sofort entnehmen, ob 2 oder 4 Rundreisen möglich sind. Aus unserm anfänglichen Cyklus

r r r l l l r l r l r r r l l l r l r l

kann man auch erkennen, in welchen Fällen eine Rundreise mit sechs oder noch mehr gegebenen Anfangs-Stationen gelingt. Bei sechs gegebenen Stationen handelt es sich darum, ob man sich beim Passieren der vier mittleren Stationen so wendet, dass die vier Wendungen in dem obigen vorwärts oder rückwärts gelesenen Cyklus vorkommen. Aus den Buchstaben r und l lassen sich aber 16 Gruppen zu je vieren zusammenstellen, von denen 12 in unserm Cyklus vorkommen, 4 aber nicht. Diese vier sind:

r r r r, r l l r, l r r l, l l l l.

Von diesen vier Gruppen können r r r r und l l l l naturgemäss nicht vorkommen, da diese sich auf die Umwanderung eines Fünfecks beziehen, sodass als sechste Station wiederum die erste Anfangs-Station auftritt. Es bleiben also nur noch die Fälle r l l r und l r r l als solche übrig, bei denen eine Rundreise unmöglich ist. Der erste dieser Fälle tritt z. B. ein, wenn A, B, C, K, L, P als die sechs ersten Stationen vorgeschrieben sein sollten. Man sieht die Unmöglichkeit einer so beginnenden Rundreise auch daran, dass bei einem derartigen Reise-Anfang die Station M nicht wieder verlassen werden könnte. Denn von ihren drei Nachbarn B, L, N sind B und L schon vorher passiert, sodass man also zu M nur von N aus gelangen könnte, ohne dann die Möglichkeit einer Weiterreise zu haben.

Aus unserm Cyklus ergiebt sich auch sehr leicht die Anzahl der möglichen Rundreisen in den Fällen, wo weniger als fünf Anfangs-Stationen gegeben sind. Wieviel Lösungen immer bei einer vorgeschriebenen Anzahl von Anfangspunkten möglich sind, zeigt folgende Tabelle:

Anfangspunkte:	Lösungen:
8, 9, 10	1 oder 0;
7	2 oder 1 oder 0;
6	3 oder 2 oder 1 oder 0;
5	4 oder 2;
4	6 oder 4;
3	10;
2	20;
1	30.

Es entsteht nun die Frage, ob die Hamiltonsche Methode, welche ja aus einer Lösung alle Lösungen leicht ergiebt, auch imstande ist, von vornherein eine Lösung theoretisch zu entwickeln. Die Bejahung dieser Frage erkennt man aus gewissen Relationen, die zwischen den Gruppierungen der Buchstaben l und r aus der Natur der zu Grunde gelegten aus 12 Fünfecken bestehenden Figur fliessen. Man ersieht daraus leicht, dass man immer zu demselben Ausgangspunkt zurückkommt, gleichviel, ob man zweimal nacheinander links geht oder erst rechts, dann dreimal links und endlich wieder rechts. Z. B. gelangt man, von U kommend, über A und B nach M, indem man zweimal links geht. Man gelangt aber auch über A, E, D, C, B nach demselben Punkte M, wobei man erst rechts, dann dreimal links und zuletzt rechts geht. Man kann diese Erscheinung symbolisch so ausdrücken:

$$\mathrm{l\,l} = \mathrm{r\,l\,l\,l\,r}.$$

Ebenso überzeugt man sich auch von der Richtigkeit der folgenden Gleichung

$$\mathrm{l\,r\,l} = \mathrm{r\,l\,l\,r}.$$

Aus diesen beiden Relationen gehen noch zwei weitere dadurch hervor, dass man r und l mit einander vertauscht. Diese Relationen kann man nun verwenden, um aus einer selbstverständlichen Rundreise über nur fünf Stationen die auf alle zwanzig Stationen bezüglichen Cyklen abzuleiten. Wenn man den Umfang eines der Fünfecke, aus denen sich unsere Figur zusammensetzt, umkreist, so kehrt man zum Anfangspunkt zurück, indem man entweder fünfmal nacheinander links oder fünfmal rechts umbiegt. Diese Thatsache nehmen wir als Ausgangspunkt. Dann erhalten wir bei fortwährender Benutzung der Relation $\mathrm{l\,l} = \mathrm{r\,l\,l\,l\,r}$ die folgende theoretische Ableitung eines Cyklus:

$$\begin{aligned} (\mathrm{l\,l})\ \mathrm{l\,l\,l} &= (\mathrm{r\,l\,l\,l\,r})\ \mathrm{l\,l\,l} \\ &= (\mathrm{r\,r\,l\,l\,l\,r\,l\,r})\ (\mathrm{r\,l\,l\,l\,r\,l}) \\ &= (\mathrm{r\,r\,r\,l\,l\,l\,r\,l\,r\,l\,r})\ (\mathrm{r\,r\,l\,l\,l\,r\,l\,r\,l}) \\ &= \mathrm{r\,r\,r\,l\,l\,l\,r\,l\,r\,l\,r\,r\,r\,l\,l\,l\,r\,l\,r\,l}. \end{aligned}$$

Von welcher Relation man auch ausgehen mag und wie man auch die Substitutionen vornehmen mag man gelangt, sobald man 20 Buchstaben erzielt hat, immer zu einer Gruppe, die sich von der oben gefundenen entweder nur dadurch unterscheidet, dass sie an einer andern Stelle anfängt, aber cyklisch mit ihr identisch ist, oder, dass sie rückwärts statt vorwärts läuft. Damit steht im Einklang, dass es keine anderen Lösungen giebt, als die, welche aus unserm Cyklus hervorgehen.

Ausser Hamilton selbst hat auch der französische Artillerie-Offizier Hermary Methoden angegeben, die zu allen Lösungen des Hamiltonschen Problems führen, deren Mitteilungen jedoch hier zuviel Raum kosten würde.

An eine Erweiterung des Hamiltonschen Rundreise-Problems haben selbstverständlich schon Hamilton, Hermary, Lucas und Ball gedacht. Doch ist eine mathematische Theorie für die Auffindung aller Rundreisen, die sich über eine aus Punkten und Linien in beliebiger Weise zusammengesetzte Figur machen lassen, bis jetzt nicht entwickelt. Wohl aber hat der Verfasser in der „Naturw. Wochenschrift" vor einigen Jahren ein Verfahren angegeben, durch das die empirische Auffindung von Rundreisen, bei denen jede Station nur einmal besucht wird, sehr erleichtert wird. Um dieses Verfahren kennen zu lernen, gehen wir wieder von unsrer oben zu Grunde gelegten, drei konzentrische Kreise enthaltenden Figur aus. Dieselbe enthält 30 Strecken, von denen bei einer Rundreise 20 befahren werden, also 10 unberührt bleiben. Wenn wir nun die durchwanderten 20 Strecken markieren, um sie von den 10 nicht durchwanderten unterscheiden zu können, so erkennen wir, dass von jedem Punkte zwei markierte und eine nicht markierte Strecke ausgehen. Es handelt sich also darum, von den 30 Linien 10 so auszulesen, dass von jedem Punkte eine und nur eine ausgeht, was, wie man in praxi leicht erkennt, auf (10 + 20)-fache Weise möglich ist. Die Auswahl der nicht zu befahrenden Strecken ist natürlich leichter, als die Auswahl der zu befahrenden Strecken, weil 10 kleiner als 20 ist. Beispielsweise ist die oben zuerst erwähnte Rundreise, bei welcher die Reihenfolge der berührten Stationen alphabetisch ist, in der beistehenden Figur so dargestellt, dass die zehn nicht beschrittenen Strecken punktiert gezeichnet sind, die Rundreise selbst aber kontinuierlich gezeichnet ist.

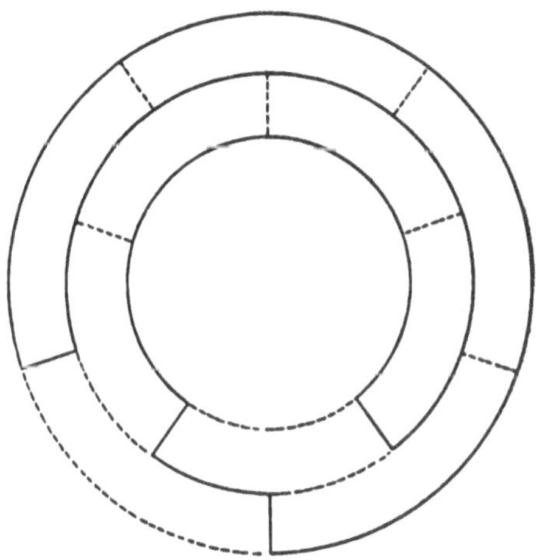

Natürlich lassen sich auf mannigfache Weise die zehn punktierten, also nicht zu beschreitenden Strecken auswählen, jedoch, wie man leicht sieht, auf nur zweifache bezw. vierfache Weise, wenn die fünf Anfangspunkte gegeben sind, was mit dem oben aus dem Hamiltonschen Verfahren erkannten Resultate übereinstimmt.

Dieses Verfahren lässt sich nun leicht auf beliebige Figuren übertragen. Man schreibe an jeden Punkt die Zahl der von ihm ausgehenden Strecken. Die Hälfte von der Summe aller so notierten Zahlen ist immer die genaue Anzahl der in der Figur vorhandenen Strecken. Vermindert man diese Anzahl um die Anzahl der vorhandenen Punkte, so erhält man immer die Anzahl der nicht zu beschreitenden Strecken. Man hat dann soviel Strecken, wie diese Zahl anzeigt, als „verboten" zu markieren; wobei man nur auf zweierlei zu achten hat, erstens darauf, dass von jedem Punkte soviel verbotene Strecken ausgehen, wie die um zwei verminderte, bei diesem Punkte notierte Zahl angiebt, zweitens darauf, dass die so erhaltenene Rundreise nicht in zwei oder mehr Rundreisen zerfällt, von denen jede in sich zurückläuft.

Wenn jeder Punkt, wie bei der Dodekaeder-Figur drei Ausgänge hat, so muss von jedem Punkte eine einzige verbotene Strecke ausgehen. Dies ist z. B. bei der folgenden Figur der Fall, in der 40 Punkte durch 60 Strecken mit einander zusammenhängen, und in der wieder die 20 verbotenen Strecken punktiert gezeichnet sind, während die daraus unzweideutig hervorgehende Rundreise selbst kontinuierlich gezeichnet ist, und überdies noch durch die natürliche Zahlenreihe kenntlich gemacht ist.

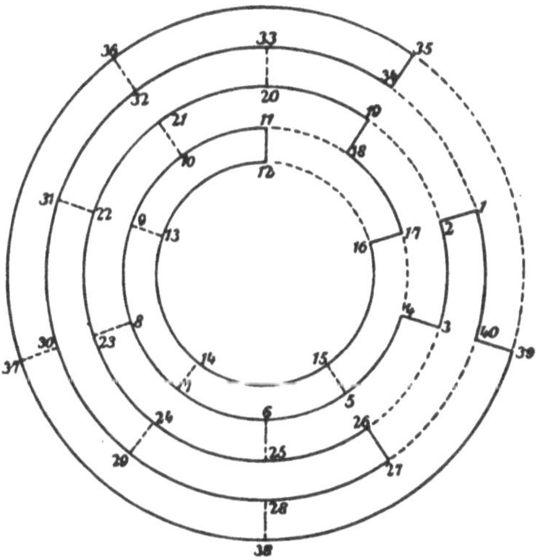

Während diese Figur einem Körper entspricht, dessen Oberfläche aus 12 Fünfecken und 10 Sechsecken besteht, ist die folgende Figur das Bild der Oberfläche eines Körpers, der von 12 Fünfecken und 8 Sechsecken begrenzt wird, jedoch auch so, dass jede Ecke 3 Kanten aussendet. So entstehen 36 Punkte, die durch 36 zu beschreitende und 18 zu vermeidende Strecken zusammenhängen. Wiederum sind die zuerst bestimmten verbotenen Strecken punktiert, die Wege der Rundreise selbst kontinuierlich gezeichnet (s. Fig. S. 284).

Es bietet nun gar keine Schwierigkeit, das beschriebene Verfahren auch auf solche Figuren auszudehnen, in denen nicht jeder Punkt drei Strecken aussendet. Man hat dann bei jedem Punkte die um

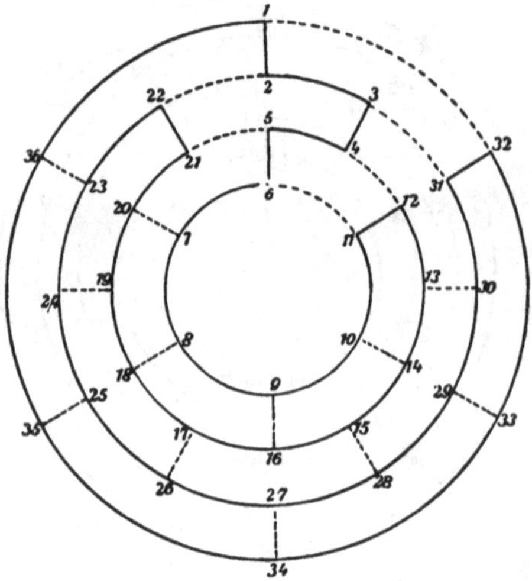

2 verminderte Zahl seiner Ausgänge zu notieren und dann dafür zu sorgen, dass bei der Auswahl der nicht zu beschreitenden Strecken jeder Punkt soviel solcher Strecken aussendet, wie die bei ihm notierte Zahl angiebt. Auf diese Weise sind die auf den beiden folgenden Figuren durch die natürliche Zahlenreihe kenntlich gemachten Rundreisen entstanden (s. Fig. S. 285).

Ist die Anzahl der Punkte und der sie verbindenden Strecken sehr gross, so wird die Lösung des Problems, alle Punkte auf einer Rundreise, jeden aber nur einmal, zu besuchen, recht schwierig. Noch schwieriger aber wird die Aufgabe, alle Lösungen zu finden, die das Problem haben kann.

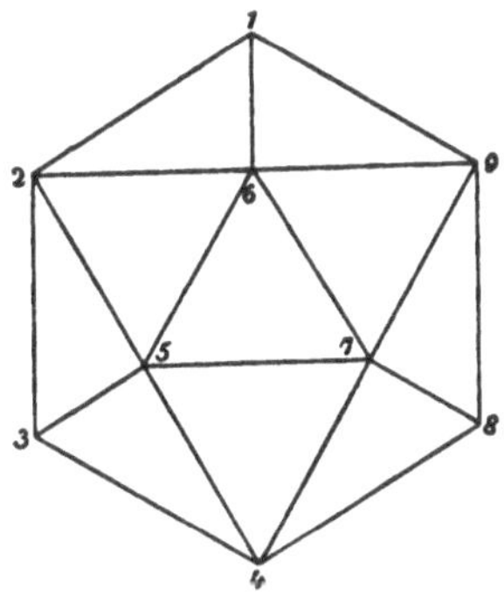

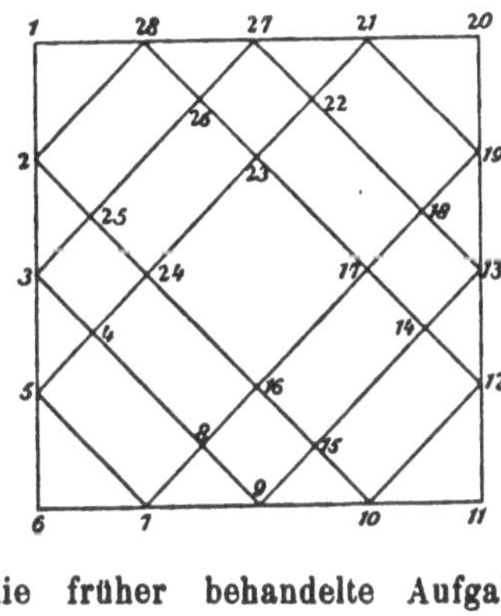

Auch die früher behandelte Aufgabe, auf den 64 Feldern des Schachbretts einen geschlossenen Rösselsprung zu formieren, kann als ein verallgemeinertes Hamiltonsches Rundreise-Problem aufgefasst werden. Denkt man sich nämlich die 64 Felder des Schachbretts durch 64 Punkte ersetzt, und immer zwei Punkte verbunden, die Feldern entsprechen, zwischen denen ein Springerzug möglich ist, so enthält man im ganzen 168 Verbindungs-Strecken, indem von jedem Punkte 2 bis 8 solcher Strecken ausgehen. Wem es nun gelingt, die 64 Punkte auf einer Rundreise zu besuchen, jeden Punkt dabei aber nur einmal zu berühren, der hat auch einen geschlossenen Rösselsprung geschaffen. Wem es aber gelingen sollte, die Anzahl aller denkbaren Springer-Rundreisen zu berechnen, der hat das Problem gelöst, die Anzahl aller möglichen Rösselsprünge zu berechnen, ein Problem, das seit vielen Jahrzehnten gestellt, aber noch nicht vollständig gelöst ist.

Druck von C. H. Schulze & Co. in Gräfenhainichen.

FSC
www.fsc.org
MIX
Papier | Fördert
gute Waldnutzung
FSC® C083411

Zeitfracht Medien GmbH
Ferdinand-Jühlke-Straße 7
99095 Erfurt, Deutschland
produktsicherheit@kolibri360.de